赤腹鹰研究

马 强 王龙祥 胡 博 ◎ 著

中国农业出版社

北 京

作者简介

马 强　理学博士，副研究员。中国鸟类学会会员、亚洲猛禽协会（ARRCN）会员。现供职于中国林业科学研究院生态保护与修复研究所，从事动物生态学研究工作。先后主持"全国胡兀鹫种群及栖息地专项研究""高山兀鹫种群动态、分布格局与保护策略研究"等科研项目10余项，研究工作涉及胡兀鹫、高山兀鹫、赤腹鹰、松雀鹰、灰脸鵟鹰和凤头鹰等国家重点保护鸟类，以及川金丝猴、黑叶猴等哺乳动物，研究范围涵盖了生物学、生态学、行为学和保护生物学等。发表研究论文30余篇，参编专著7部。

王龙祥　农学硕士，工程师。研究方向为鸟类生态学、保护生物学。现就职于广西壮族自治区林业勘测设计院保护地和湿地中心，主要从事野生动物分类学研究、生物多样性保护、国家公园和自然保护区综合科学考察、国家湿地公园总体规划、保护地和红树林生态影响评价等。先后负责或参与了河南董寨国家级自然保护区猛禽研究、全国第二次陆生野生动物资源调查、西南岩溶国家公园（广西）动物资源考察等项目20余项。发表了《河南董寨赤腹鹰孵卵节律与巢防卫行为》《赤腹鹰巢址选择和繁殖成效的影响因子分析》等学术论文。

胡 博　理学硕士，研究方向为分子生物学。主要应用生物化学与分子生物学手段对珍稀濒危鸟类进行微观研究。

　　2011—2014年，在河南董寨国家级自然保护区对赤腹鹰的性比、遗传多样性等进行了较为系统的研究，积累了大量数据资料，发表了相关学术论文。

前言

　　猛禽是鸟类中一个重要的生态类群，是鹰形目、隼形目、鸮形目和美洲鹫目鸟类的总称。该类群鸟类以捕猎其他动物为食，它们拥有极为敏锐的视力以发现猎物，利用强健的利爪来抓捕和杀死猎物，用强壮而具钩的喙来肢解猎物。猛禽处于生态金字塔的顶端，是其所在生态系统中的顶级捕食者，对相关动物群落乃至整个生态系统的健康发展起着极为关键的调节作用。一些动物疫源的传染性疾病如高致病性禽流感等，经常给社会经济带来巨大损失，同时也极大地威胁着人民群众的健康和生命安全。这类疫病大范围传播的根本原因在于猛禽等鸟类天敌数量的减少，甚至缺失。患病个体在死亡前后可以将病菌、病毒传染给更多同种或异种个体，引起疫病大规模爆发。如果能将患病动物个体（传染源）及时剔除，则动物疫源疫病就可以被有效控制，而这正是猛禽所发挥的生态作用。因此，猛禽在保证生态平衡和生态安全方面所发挥的作用是极为重要且不可替代的。

　　赤腹鹰隶属于鹰形目鹰科，为中小型猛禽，主要以蜥蜴、小鸟、蛙类为食，也捕食啮齿类和大型昆虫，由于数量相对稀少而被列为国家 II 级重点保护野生动物。在我国，赤腹鹰主要分布于河南、湖北、湖南、广东、广西、云南中部、贵州、四川、重庆、山东、江苏、浙江、安徽、江西、上海、福建、香港、澳门、海南、台湾，此外，有赤腹鹰分布记录的省份还包括河北、北京、天津、山西、陕西等。

赤腹鹰在我国大部分地区为夏候鸟，主要繁殖于南方地区和辽东半岛，一般4—5月迁到繁殖地，繁殖期5—8月。9—10月，随着气温下降，赤腹鹰陆续迁往南方，除部分留在云南、广西、广东、福建、海南等地，其余大部分个体迁徙到东南亚越冬。

在国外，赤腹鹰繁殖于朝鲜半岛南部。秋季开始南迁，到我国华南地区、南亚（印度）、东南亚（缅甸、泰国、马来半岛、菲律宾群岛、印度尼西亚）越冬。在迁徙过程中，该物种经过我国台湾及东南亚诸国。迄今，国内外对赤腹鹰的研究工作还比较少。

我们关于赤腹鹰的相关研究工作主要是在河南董寨国家级自然保护区（简称董寨保护区）进行的，前后延续了近20年。最早是从赤腹鹰繁殖生态研究开始的，对赤腹鹰繁殖全过程进行了多年的研究。主要对赤腹鹰栖息地利用格局、领域的建立与防卫、巢树选择偏好与巢址特征；繁殖期食性、育雏期食物组成的变化及地理差异；雏鸟的发育进程与雏鸟竞争、繁殖成功率及其影响因素等方面进行了较为系统的研究。

随着研究的深入，研究内容逐步拓展到行为学领域。如赤腹鹰巢材选择与筑巢行为、产卵行为日节律与季节分布、孵卵投入与巢防卫、喂食行为日节律、赤腹鹰"反性别二态性"与繁殖期雌雄行为分工、繁殖期两性行为差异及其影响因素、巢后育雏期赤腹鹰成鸟的行为模式等。

在微观研究方面，对赤腹鹰的子代性比进行了探讨。主要讨论了种群水平和巢水平的子代性比偏离情况；窝卵数、成鸟体征指标与性比的关系。另外，还对赤腹鹰线粒体DNA遗传多样性进行了研究。

在董寨保护区，还分布着其他隼形目和鹰形目猛禽共15种，其中常见的有松雀鹰、凤头鹰、灰脸鵟鹰和黑冠鹃隼等。我们对赤腹鹰、松雀鹰、凤头鹰、灰脸鵟鹰和黑冠鹃隼5种猛禽的种间竞争、生态位重叠与分异情况、同域共存机制进行了研究。此外，关于猛禽的激素研究，国内外罕有报道。我们对赤腹鹰的睾酮、皮质酮、孕酮、生长激素4种激素进行了探索性研究，将相关信息呈现于此，供后继学者参考。

书中插图除署名的图片外，均为马强拍摄。

在野外研究过程中，得到了很多人的热情帮助。湖北巴东县的向继美、孙东和林耀楚等先生协助完成了早期的野外观察工作；兴山县的金祖洲、胡德龙、刘家国、沈云召等先生协助完成了在龙门河地区的研究。2008年，关于赤腹鹰的研究工作转到河南董寨国家级自然保护区。保护区领导十分重视，阮祥锋、朱家贵、张可银、潘茂盛、黄华等给予鼎力支持；董寨保护区科研所溪波、杜志勇、袁德军、张俊峰提供了大量帮助。刘富国、金祖洲、陈政、郭绍斌等先后到董寨保护区协助完成鹰巢搜索、样本采集和卫星追踪等工作。

本研究得到"第二次青藏高原综合科学考察研究"（项目编号：2019QZKK05010408）的长期资助，在此谨致谢忱！

在本书撰写过程中，南方科技大学吕磊老师、北京林业大学隋金玲副教授、李建强教授、辽宁大学万冬梅教授、中国林业科学研究院苏化龙研究员提供了宝贵的支持。

我的恩师张正旺教授、刘小如教授对研究工作进行了全方位的指导，使得关于赤腹鹰的研究得以顺利完成。

在此，对他们的宝贵支持表达我们最衷心的感谢！

限于作者水平，加之时间仓促，书中疏漏之处在所难免，敬请批评指正！

吕强

2023 年 9 月

目录

第一章　猛禽概述

一、世界猛禽概况

猛禽（raptors）是鸟类中一个重要的生态类群，是美洲鹫目（Cathartiformes）、鹰形目（Accipitriformes）、隼形目（Falconiformes）和鸮形目（Strigiformes）鸟类的总称。该类群鸟类以捕猎其他动物为食，其主要特点是：拥有极为敏锐的视力以发现猎物，利用强健的足来抓握猎物，使用强壮而具钩的喙来肢解猎物（Perrins，2009）。大多数猛禽还具有弯曲的利爪，可用来抓捕或杀死猎物（Fowler et al.，2009）。

猛禽的体型和习性相差很大，多数猛禽雌性大于雄性。就体型而言，分布在欧亚大陆的兀鹫（*Gyps fulvus*）体重可达15kg，而黑腿小隼（*Microhierax fringillarius*）的体重只有28g，二者体重相差近536倍（Ferguson-Lees & Christie，2001）。在生态习性方面，鹰形目和隼形目猛禽是日行性的，而鸮形目猛禽多营夜行性生活。在食性方面，猛禽的食物多种多样，许多种类以中小型兽类、鸟类或两栖爬行类为食，大型雕类可捕食偶蹄类动物，甚至狼（*Canis lupus*）等犬科动物；小型隼类主要以大型昆虫为食；鸮形目猛禽多以啮齿动物为食；兀鹫类主要是腐食性；一些海雕则常捕食海洋中的鱼类（Ferguson-Lees & Christie，2001）。

1. 起源与进化

根据DNA测序研究，猛禽中的鹰形目和隼形目与鸮形目在亲缘关系上距离非常远。现有研究表明，早在5 500万年前鸮形目鸟类的祖先便与其他鸟类产生了分化。化石研究显示，最早的鸮类可能是起源于始新世的原鸮科（Ogygoptygidae）鸟类，现均已灭绝；在法国的中新世地层曾发现过草鸮属（*Tyto*）鸟类的化石；在德国的中新世地层，也发现过角鸮属（*Otus*）鸟类的化石；在法国的渐新世地层发现过雕鸮属（*Bubo*）和耳鸮属（*Asio*）鸟类的化石；在德国和北美洲的中新世地层发现过林鸮属（*Strix*）鸟类的化石。

鹰形目、隼形目鸟类的祖先可能是涉禽，因而在鸟类DNA分类系统中，也有学者根据进化树将鹰形目、隼形目的所有科均归并到鹳形目中（约翰·马敬能等，2000）。化石研究显示，在美国中新世地层中曾发现新兀鹫（*Neophrontops*）和古鹰（*Palaeoborus*）化石（李湘涛，2004）；在中国中新世地层中也发现过顾氏中新鹫（*Mioaegypius gui*）（侯连海，1984）、泰山齐鲁鸟（*Qiluornis taishanensis*）（侯连海等，2000）等化石。

2. 种类组成

世界的猛禽共4目7科115属577种。

鹰形目有3科72属257种。其中，鹰科（Accipitridae）有70属255种；鹗科（Pandionidae）有1属1种；鹭鹰科（Sagittariidae）有1属1种（郑光美，2022）。

隼形目仅有隼科（Falconidae）11属64种。

美洲鹫目有1科（美洲鹫科 Cathartidae）5属7种。

鸮形目共有2科27属249种。其中，草鸮科（Tytonidae）有2属21种；鸱鸮科（Strigidae）有25属228种（郑光美，2022）。

3. 猛禽的分布

作为一个重要的生态类群，猛禽是全球性分布的，广布于除南极洲以外的六大洲。其中鹰形目、隼形目猛禽飞行能力强，分布范围广，一些种类成功地扩散到全球各地，并很好地适应了当地的环境。最具代表性的物种当属鹗

（*Pandion haliaetus*）和游隼（*Falco peregrinus*）（图1.1），其分布区几乎遍及世界各地。另外一些猛禽的分布区相对狭小，成为特定区域的特有种，如长尾鵟属（*Henicopernis*）仅分布于东南亚地区；短趾雕属（*Circaetus*）的6种猛禽中，只有短趾雕（*C. gallicus*）广泛分布于非洲、亚洲、欧洲，其他5种均为非洲特有种；巨隼属（*Phalcoboenus*）仅分布于南美洲（郑光美，2022）；作为亚洲东部地区的特有种，赤腹鹰（*Accipiter soloensis*）仅繁殖于中国大陆和朝鲜半岛（赵正阶，2001）。

鸮形目猛禽的分布与鹰形目、隼形目的情况有所不同，分布区较大的广布种很少，代表种有仓鸮（*Tyto alba*）、短耳鸮（*Asio flammeus*）等；而其他种类的分布区多局限在某个地区。例如在63种角鸮（*Otus* spp.）中，有8种仅分布于非洲，11种为南美洲地区特有种，另有7种分布限于中美洲地区。兰屿角鸮（*Otus elegans*）仅分布于台湾岛东南部的兰屿、琉球群岛、吕宋岛北部的加拉鄢岛（赵正阶，2001）。

图1.1 游隼－飞行

二、世界猛禽生存现状与保护

1.猛禽生存现状

由于在生态系统食物链中占据高级或顶级位置，自然界中猛禽的密度往往相对较低，种群数量稀少。仅有少数全球分布的种类数量较多，如游隼的数量达120万只（IUCN，2013）；而分布区狭小的物种往往数量较少，如加州兀鹫（*Gymnogyps californianus*），成鸟仅有93只，种群生存状况为极危（IUCN，2020）。受各种自然或人为因素的影响，很多猛禽的生存受到了威胁。在世界自然保护联盟（IUCN）最新红色名录中，猛禽属于极危的有11种、濒危的11种、易危的33种，近危种115种，受胁物种占猛禽总种数的30.54%（IUCN，2020）。

2.猛禽的保育

在世界猛禽中，有许多是生存受到威胁的全球受胁种，包括极危种、濒危种和易危种。由于开展了系统深入的基础研究，国外有些极度濒危的物种通过科学家和保育人士长期不懈的努力，种群得以复壮，并逐渐摆脱了濒危的处境。北美洲的白头海雕（*Haliaeetus leucocephalus*）就是一个成功的案例。由于栖息地迅速减少、过度捕猎和环境污染的影响，白头海雕数量曾大幅减少。一些科学家为此对其进行了大量的生物学研究（Dunstan，1980；Fischer，1982；Chandler et al.,1992; Bowerman et al.,1993），其中包括监测污染物对白头海雕的影响（Hernandez et al.，1986；Bowerman et al.，1994；Hart et al.，1996；Elliott et al.，1996；Scheuhammer et al.，2008）。20世纪70年代以来，美国政府加大了保护力度，采取了一系列措施，并取得了显著成效。到80年代初，根据"圣诞节鸟类调查"的数据，白头海雕的数量已超过10万只。1995年7月12日，美国渔业与野生动物局正式将白头海雕从美国国家濒危物种名录中移除，将其受胁等级从"濒危"降为"受威胁"。1999年7月6日，美国48个州将白头海雕从当地的濒危野生动物物种名录中删除。

胡兀鹫（*Gypaetus barbatus*）的分布范围曾遍布欧洲、亚洲和非洲北部。20世纪初，胡兀鹫在欧洲的一些高山地区还是比较常见的鸟，但当地人误认为它是威胁畜牧业的害鸟而加以捕杀，导致其数量锐减，先后从瑞士、意大利等国消失。胡兀鹫也从阿尔卑斯山区彻底消失了。数量最低时，在欧洲只有不足50对胡兀鹫，大部分栖息于比利牛斯山脉的偏远山区。20世纪末，经过大量研究（Wackernagel & Walter，1980；Walter，1989；Frey et al.,1993；Padial et al.，2005），一个精心设计的胡兀鹫再引入计划被实施，瑞士、奥地利、法国、意大利、德国先后把胡兀鹫重新引入了阿尔卑斯山区。1986—1993年，50只人工繁殖的个体被放归到自然生境，生存状况较好，并在野外成功繁殖，种群逐渐恢复（Winker，1995）。胡兀鹫在欧洲的种群正在恢复过程中，而在全球范围内受胁状况较低，IUCN将其评定为"LC"（无危）（IUCN，2004），后调整为"NT"

（近危）（IUCN，2014）。

人工繁育在猛禽的保育过程中发挥了重要作用，尤其是在重引入和种群复壮过程中，超过80种猛禽在人工条件下繁育成功（Cade，1986；2000）。实践证明，人工繁育或对野外巢的鹰卵进行操控在10余种猛禽的种群重建过程中发挥了至关重要的作用。除了白头海雕和胡兀鹫外，加州兀鹫、赤鸢（*Milvus milvus*）、白尾海雕（*H. albicilla*）、兀鹫、栗翅鹰（*Parabuteo unicinctus*）、毛里求斯隼（*F. punctatus*）、黄腹隼（*F. femoralis*）、地中海隼（*F. biarmicus*）、游隼、仓鸮和雕鸮等物种的种群也得到了复壮（Cade，2000）。

另外，一些国际机构在圈养条件下繁育猛禽来满足市场的需求，借以减轻野生种群被猎捕的压力。如"国际野生动物咨询（英国）有限公司" [International Wildlife Consultants（UK）Ltd] 就主要从事猛禽的人工繁育，已经在英国、保加利亚、西伯利亚、哈萨克斯坦、蒙古国和中国开展了相关工作。2013年，该公司在蒙古国繁育的猎隼（*F. cherrug*）达到了1 700余只，很大程度上满足了中东等地对猎隼的需求，减少了对野生个体的捕捉，缓解了鹰猎与猛禽保护之间的矛盾。

2001年12月，由国际爱护动物基金会（IFAW）、北京师范大学和北京市野生动物保护自然保护区管理站合作成立了"北京猛禽救助中心"（IFAW Beijing Raptor Rescue Center，简称IFAW BRRC），为非营利性野生动物救助机构。IFAW BRRC以国际先进的动物福利理念为指导，结合国际先进的猛禽救助技术与经验，通过科学、专业的救助方法，为北京及周边地区受伤、生病、迷途以及在执法过程中罚没的猛禽提供治疗、护理与康复训练，并在适宜的野外栖息地及时放飞已康复的猛禽。为了使猛禽保护工作得到广大公众的支持与关心，IFAW BRRC还对公众进行法律、生态、救护方法等知识的宣传教育，从而提高公众爱护猛禽等野生鸟类的意识。

三、国际猛禽研究进展

从20世纪40年代起，国外学者就开始了对猛禽较为系统的生物学研究工作（Jollie，1943；Liversidge，1962；Sealy，1967；Gonzales，1968）。其后，猛禽研究工作不断深入，内容不仅包括对猛禽基本繁殖数据的收集和生活史的记述，也涵盖了食性、行为、栖息地选择、致危因子分析、繁殖成功率及其影响因素等方面。

就猛禽的研究工作而言，以欧洲部分国家和美国的历史最悠久。在这些国家，几乎每种猛禽都被若干位科学家研究过。以苍鹰（*Accipiter gentilis*）为例，自1933年开始，到2014年5月，340多位科研人员共发表了480余篇相关研究论文，涵盖了苍鹰的基础生物学研究（Zawadzka and Zawadzki, 1998; Krüger, 2005）、栖息地评估（Krüger & Lindström, 2001; Rutz, 2006; Gamauf, et al., 2013）、行为生态（Zachel, 1985; Penteriani et al., 2013）、分子生物学（Asai, et al., 2008; Takaki, et al., 2009）和保护对策研究（Cooper & Stevens, 1998; Roberson, et al., 2003）等内容。

目前，对于猛禽的行为研究方兴未艾。例如，一些猛禽存在社会行为或群栖现象。Badami（1998）和Xirouchakis等（2012）对艾氏隼（*F. eleonorae*）的群体喂食行为（Badami, 1998; Xirouchakis, et al., 2012）进行了研究。赤鸢则有群栖的习性，Hiraldo等（1993）用翅标和无线电发射器标记了46只赤鸢，并把它们分为成体、亚成体及留鸟和冬候鸟4个组，随后进行了系统跟踪，以研究其群栖习性与个体间信息共享的关系，但研究结果不支持在共栖点分享食物分布信息的假说（Hiraldo, et al., 1993）。Csermely（1993）对再引入的红隼（*F. tinnunculus*）种群与本地原有红隼的互动行为进行了研究，观察记录它们之间的敌对性互动，并尝试探究土著种群与引入种群行为模式的变化。研究结果显示，二者都对彼此的行为有相应的反应（Csermely, 1993）。

许多鸟类学家连续数十年对某种猛禽进行研究。如Watson（1991, 1992, 2006, 2010）对金雕（*Aquila chrysaetos*）、Wiemeyer（1978, 1984, 1990, 1994）对白头海雕、Sulkava等（1956, 1964, 1994, 2006）对苍鹰等的研究。我国台湾著名鸟类学家刘小如教授（2000, 2001）对兰屿角鸮进行了长期的研究等。

目前，国际上成立了很多与猛禽研究和保育相关的组织或机构，以组织和协调猛禽研究与保护的相关工作。比较著名的有猛禽研究基金会（Raptor Research Foundation，RRF）、世界猛禽工作组（The World Working Group on Birds of Prey and Owls，WWGBPO）、亚洲猛禽研究与保护网络（Asian Raptor

Research & Conservation Network，ARRCN）、台湾猛禽研究会（Raptor Research Group of Taiwan, RRGT）等。国际上还成立了专门的基金会，募集资金，针对一些受威胁严重的猛禽加强保护，如国际鹗基金会（The International Osprey Foundation）、猛禽基金会（Birds of Prey Foundation）、游隼基金会（The Peregrine Fund）等。

四、我国猛禽研究现状

我国关于猛禽的记述最早见于《诗经》《山海经》等古籍。明代李时珍所著《本草纲目》的山禽部分有关于鹰、雕、鹗、雀鹰等的记载。新中国成立后，至郑作新编著《中国鸟类分布名录》（1955—1958）时，已收录隼形目3科24属56种（高玮，2002）。据最新统计（郑光美，2023），中国分布有鹰形目2科24属55种，占世界鹰形目鸟类（257种）的21.40%；隼形目1科2属12种，占世界隼形目鸟类（64种）的18.75%；鸮形目2科12属32种，占世界鸮形目鸟类（249种）的12.85%。我国猛禽种类十分丰富，为开展系统深入的研究工作提供了优越条件。

1.研究现状

中国的猛禽研究起始于20世纪60年代。第一篇猛禽的研究文章是冯文和（1977）对鸢食性的研究。随后有关猛禽的研究逐渐扩展到区系调查（刘焕金等，1986；康熙民，1988）、生态观察（高岫等，1985；刘焕金等，1985；常家传等，1988）、迁徙研究（姚丽文，1981；张荫荪等，1985；范强东，1988；侯韵秋等，1990）等领域。国内学者发表的有关猛禽的学术文章约有200篇，其中多为基本生物学描述，比较深入的研究相对较少。例如邓文洪等（Deng，2003，2004）、马强等（2011）对灰脸鵟鹰（*Butastur indicus*）繁殖生物学进行了研究；李庆伟等（1998，2001）、王翔等（2004）研究了若干种猛禽的遗传多样性与进化；马鸣等（2005，2007）研究了猎隼生态习性；马强等（2007，2016）、万冬梅等（2014）、王龙祥等（2018，2020）对赤腹鹰进行了系统研究；赵序茅等（2013）对金雕进行了行为研究；雷富民等（1994，1995a，1995b）对纵纹腹小鸮

(*Athene noctua*) 进行了研究；孙悦华、方昀等（2001，2007）对四川林鸮（*Strix davidi*）进行了报道。此外，我国已经出版的猛禽类专著有《中国隼形目鸟类生态学》（高玮，2002）、《中国猛禽》（李湘涛，2004）、《中国猛禽——鹰隼类》（徐维枢，1995）、《庞泉沟猛禽研究》（安文山，1993）、《中国鸟类图鉴》（猛禽版）（宋晔等，2016）等。

虽然我国的鹰形目、隼形目和鸮形目猛禽物种资源都十分丰富，但国内的猛禽研究基础还比较薄弱。在中国大陆目前主要致力于猛禽研究的专业学者仅有不到10位，一些曾经研究过猛禽的专家也往往是浅尝辄止，缺少长期的连续研究。分布于我国的猛禽中，迄今仅有红隼、猎隼、金雕等少数物种得到了比较深入的研究，而像赤腹鹰、黄爪隼（*F. naumanni*）等多数物种尚缺少基本的第一手数据。

目前我国有关猛禽的描述多是在鸟类专著中作为一个类群被提及。在所有鸟类中，猛禽是个特殊的类群，其身体结构、生态、行为等方面都有着显著的特殊性，研究内容和研究方法也有别于其他鸟类，但国内还缺乏相关的专著。《中国动物志·鸟纲》已出版13卷，唯一尚未出版的就是第三卷（隼形目）。

相比其他鸟类，猛禽的野外辨识是相当困难的。猛禽拥有极好的视力和飞行能力，性情机警，一般在远离人类的地方活动，近距离观察其细部特征非常困难；大型猛禽的发育时间较长，雏鸟往往需要5～7年才能长成成鸟的羽色，各时期的亚成体都有一定差别，也增加了对其进行准确辨识的难度。如乌雕（*A. clanga*），英文名被冠以"Greater Spotted Eagle"，尽管其成鸟并没有什么斑点，但亚成体确实有比较明显的近白色的羽端，身上有很多斑点。猛禽的色型变异明显，同一物种往往有数种相差甚远的色型，可见，关于猛禽的高水平野外图鉴必须基于长期系统的研究，但由于我国猛禽研究的基础尚显薄弱，无论国内出版的鸟类图鉴（钱燕文，1995；颜重威等，1996），还是国际上知名的图鉴（Ferguson-Lees & Christie，2001），在有关中国猛禽的描述上也存在一些问题，有些图版甚至出现错误。台湾学者林文宏所著《猛禽观察图鉴》收录了33种鹰形目、隼形目猛禽，每种猛禽都附有手绘图片，部分物种还附有照片，并将主要识别特征一一标明；同时附有标示翼型的小图及展弦比数据，是一本非常实用的猛禽图鉴。不过，由于该书主要针对的是分布于台湾地区的猛禽，作为我国猛禽的野外图鉴不仅种类不全，而且还存在一定地域上的局限性。

2. 研究展望

(1) 基础生态学研究

自20世纪70年代以后，我国鸟类学研究整体发展较为迅速。至90年代初，生态学研究超过了区系研究，成为发表论文最多的领域（郭郛等，2004）。但迄今我国猛禽研究工作的进展一直比较缓慢，不仅专业研究人员少，而且发表的猛禽论文也少见。我国幅员辽阔，猛禽种类丰富，但很多物种缺乏基础的生态生物学资料。因此，未来一段时间，通过野外调查和长期的观测来收集猛禽的生态生物学资料，仍然是我国猛禽研究的重要内容。在这方面，尤其需要特别关注分布在我国的全球受胁物种、繁殖区主要在我国的重要物种、在生态系统中具有重要功能且种群数量多的物种以及与人类关系密切的猛禽种类。

(2) 环境污染监测

工农业生产过程中排出的大量有害废物，使土壤、水、空气被不同程度污染。环境中的有害物质沿着食物链向上传递的同时，呈几何级数不断富集。"生物富集过程"使处于生态金字塔顶端的猛禽成了环境污染的主要受害者之一。我国已经有一些研究关注猛禽体内的重金属污染物富集问题（郭东龙等，2001；刘庚等，2006；刘芳等，2008），但有关有机污染物的研究相对较少（Chen et al., 2013）。随着我国的环境污染问题越来越受到关注，通过对猛禽体内重金属和有机污染物水平的监测来反映环境污染状况的变化有望得到更多的重视。

(3) 生态功能与疫病研究

猛禽在其所处生态系统中属于顶级消费者，也是生态平衡的有力维护者，对相关动物群落乃至整个生态系统的健康发展起着极为关键的作用（Quinn & Cresswell，2004；Sunde，2005；Terry，2008；Mar et al., 2008）。研究猛禽在生态系统中的地位与作用，尤其是同域分布的多种猛禽的共存机制以及彼此之间生态位的分化机理，对于探讨生物多样性的维持机制具有重要意义。猛禽多以鸟兽为食，研究其种群动态与猎物种群数量之间的关系，可以为保护生物多样性工作提供有价值的信息。禽流感等人畜共患疫病对人类社会生产和生活造成了严重的影响，引起了国内外广泛的关注（孙梅君等，2004；吴荣富，2004）。作为顶级捕食者的猛禽与这些疫病之间可能存在着密切的联系。例如，在香港等地的病毒样本检测中，曾发现一些猛禽体内带有禽流感病毒。因此，今后有关禽流感等动物疫病的研究中，还需要加强以猛禽作为观测对象的相关研究。

（4）新技术手段的应用

随着科技的进步，大量新技术、新设备被应用于鸟类研究领域，使研究工作更高效、数据更准确。如将红外监控数码相机用于鸟类繁殖期的监控，可以实现对巢的全天候、全过程监控拍摄（Margalida et al.，2006；Zarybnicka et al.，2011）。而整合了气压、温度、加速度传感器的鸟类卫星追踪器，可对猛禽迁徙规律进行更深入的研究（Watts & Mojica，2012；Hunt et al.，2023）。目前，鸟类卫星追踪器已经实现了小型化，最小者仅有3g重，使得对中小型猛禽的卫星追踪成为可能。无人机的应用，为猛禽的数量调查和繁殖生态学研究提供了便利。此外，稳定性同位素在鸟类迁徙研究中已经得到了越来越多的应用。相信在未来我国猛禽研究工作中，分子生物学技术、卫星追踪技术、无人机技术及稳定性同位素技术等先进的技术手段将发挥重要作用，并得到越来越多的应用。

第二章　研究地区概况

一、自然地理概况

野外研究工作选择在河南董寨国家级自然保护区（简称董寨保护区）进行。董寨保护区位于河南省信阳市罗山县境内，位于东经114°18′—114°30′、北纬31°28′—32°09′。其前身为1955年建立的董寨国有林场。1982年，经河南省人民政府批准建立省级自然保护区；2001年6月，经国务院批准为国家级自然保护区，主要保护对象是森林珍稀鸟类及其栖息地，保护区总面积4.54万hm^2。

董寨保护区位于大别山西段，属桐柏—大别山山系，地势总体南部、西部较高，北部和东部较低。地形以浅山丘陵为主，主峰王坟顶海拔827.7m。董寨保护区处于我国南北气候分界线秦岭—淮河一线以南，北亚热带向暖温带过渡的分界线上，具有典型的过渡性特征。气候温暖湿润，四季分明，年平均气温15.1℃，无霜期227d，年降水量1 208.7mm（徐基良等，2010）。

独特的地理位置、温和湿润的气候条件和良好的森林生态系统，孕育了董寨保护区丰富多样的生物资源。由于生态系统典型，生物多样性丰富，珍稀濒危物种众多，尤其是中国特有濒危鸟类白冠长尾雉（*Symaticus reevesii*）分布密度高，该保护区被《中国生物多样性保护行动计划》确定为北亚热带地区优先保护的生态系统，同时被世界自然基金会（WWF）列为需要优先保护的有重要意义的区域（阮祥峰，2000）（图2.1）。

图2.1　董寨保护区景观（溪波　摄）

　　董寨保护区包括白云、灵山、鸡笼、荒田、七里冲和万店6个保护站。野外研究的主要工作在白云保护站进行，部分工作扩展至荒田、灵山、七里冲、万店等保护站及其附近地区。研究地也是国际鸟盟（Birdlife International）的重要鸟区之一。

二、植物资源与主要植被类型

　　董寨保护区的植被类型具有明显的南北交汇特征。植物区系以华东、华中植物区系为主，兼有华北、西南区系成分。植被类型多样，依照植物的生活型和建群种，可划分为针叶林、阔叶林、针阔混交林、竹林、灌草丛、草甸、沼泽7个植被类型（高振建等，2006），形成了常绿针叶林、落叶阔叶林为主的植被系统。

　　据统计，董寨保护区现有维管植物172科797属1 903种，其中蕨类植物23科59属140种；裸子植物4科11属21种；被子植物145科727属1742种。狭叶瓶尔小草（*Ophioglossum thermale*）、水青树（*Tetracentron sinense*）、青檀（*Pteroceltis tatarinowii*）、天麻（*Gastrodia elata*）、香果树（*Emmenopterys henryi*）、独花兰（*Changnienia amoena*）等国家和地方珍稀重点保护植物在境内有一定的天然分布。保护区森林覆盖率约为70%，森林蓄积量60.47m^3（朱家贵等，2022）。

地带性植被以含有常绿成分的落叶阔叶林为主，与本项研究关系比较密切的主要植被类型有以下几种。

1.落叶阔叶林

在本区的落叶阔叶林中，乔木层典型物种有枫香属（*Liquidambar*）、化香树属（*Platycarya*）、栗属（*Castanea*）、栎属（*Quercus*）、朴属（*Celtis*）、枫杨属（*Pterocarya*）等。灌木层主要由山胡椒（*Lindera glauca*）、多腺悬钩子（*Rubus phoenicolasius*）、杜鹃（*Rhododendron simissi*）、小叶女贞（*Ligustrum quihoui*）、油茶（*Camellia oleifera*）、山莓（*Rubus corchorifolius*）、枸骨（*Ilex cornuta*）等组成。林下草本主要有求米草（*Oplismenus undulatifolius*）、中华鳞毛蕨（*Dryopteris chinensis*）、苔草（*Carex* spp.）、贯众（*Cyrtomium fortunei*）等（宋朝枢等，1996）。乔木层郁闭度季节变化十分显著。

2.松林

松林主要由马尾松（*Pinus massoniana*）构成，部分为人工林。多分布于海拔600m以下的低山丘陵地带。成林结构整齐，林下灌木种类稀少，草本主要为一些蕨类植物（图2.2）。

图2.2　马尾松林（溪波　摄）

3.杉木林

杉木林主要由人工种植的杉木（*Cunninghamia lanceolata*）形成。由于董寨保护区的前身为国有林场，杉木具有生长迅速、材质优良的特点，因此在保护区范围内种植面积较大。该林型多分布于海拔600m以下的低山丘陵地带，成林结构整齐，林下草本植物较少，灌木种类较多（图2.3）。

图2.3　杉木林（溪波　摄）

4.针阔叶混交林

针阔叶混交林在董寨保护区内有两种类型。一是分布于海拔600 m以下的针阔叶混交林，其建群种中针叶树为马尾松；阔叶树种主要有枫香（*Liquidambar formosana*）、化香（*Platycarya strobilacea*）、栓皮栎（*Quercus variabilis*）、麻栎（*Q. acutissima*）等；二是在海拔600m以上则由黄山松（*Pinus taiwanensis*）与栓皮栎、槲栎（*Q. aliena*）等形成混交林，林下的枯落物丰富，灌木层发育良好，但草本较少。常见的草本有苔草、隐子草（*Cleistogenes serotina*）、蕨、野青茅（*Deyeuxia sylvatica*）等。

5.灌丛

野外研究区的灌丛分布广，比较零散。主要是森林植被遭破坏后的次生性植被，由麻栎、栓皮栎、茅栗（*Castanea seguinii*）的幼树和白鹃梅（*Exochoda racemosa*）、黄荆（*Vitex negundo*）、山胡椒等植物组成。人工栽植和管理的茶园由于在结构上与灌丛相似，也并入这一植被类型（图2.4）。

图2.4 灌丛（溪波 摄）

三、动物资源

董寨保护区内优越的自然环境和较好的森林植被，为众多野生动物生存提供了良好的条件。野外研究区属于东洋界华中区动物类型，兼容古北界成分，过渡带特色明显，动物区系复杂多样，具有显著的古老性、过渡性、多样性等特点，是我国多种动物成分的汇聚地。

1.哺乳动物

董寨保护区的兽类有7目17科31属39种，种类以啮齿目（16种）和食肉目（12种）最丰富，分别占董寨保护区兽类总物种数的41%和31%；此外，食虫目、兔形目、鼩鼱目、翼手目、偶蹄目共占董寨保护区兽类总物种数的28%。哺乳动物常见种类有野猪（*Sus scrofa*）、草兔（*Lepus capensis*）（图2.5）、刺猬（*Erinaceus amurensis*）（图2.6）、岩松鼠（*Sciurotamias davidianus*）、黄鼬（*Mustela sibirica*）、小麂（*Muntiacus reevesi*）等。属于国家Ⅰ级重点保护的物种有金钱豹（*Panthera pardus*）、大灵猫（*Viverra zibetha*），Ⅱ级重点保护的物种有水獭（*Lutra lutra*）等（朱家贵等，2022）。

图2.5　草兔

图2.6　刺猬

2.鸟类

董寨保护区鸟类资源十分丰富，现已记录到鸟类334种，分属19目65科188属。包括白冠长尾雉（图2.7）等国家重点保护鸟类共74种，其中，国家Ⅰ级重点保护鸟类11种，Ⅱ级保护鸟类63种。列入中日候鸟保护协定名录的有105种。

图2.7　白冠长尾雉

代表性的夏候鸟有发冠卷尾（*Dicrurus hottentottus*）、灰卷尾（*D. leucophaeus*）、红翅凤头鹃（*Clamator coromandus*）、噪鹃（*Eudynamys scolopaceus*）、白眉姬鹟（*Ficedula zanthopygia*）、寿带（*Terpsiphone paradisi*）（图2.8）、仙八色鸫（*Pitta nympha*）等（朱家贵，2022）。冬候鸟主要有红胁蓝尾鸲（*Tarsiger cyanurus*）、斑鸫（*Turdus eunomus*）、黄腰柳莺（*Phylloscopus proregulus*）、黄喉鹀（*Emberiza elegans*）（图2.9）、燕雀（*Fringilla montifringilla*）等（滑冰 等，2004）。常见的留鸟主要有大山雀（*Parus major*）、红头长尾山雀（*Aegithalos concinnus*）、银喉长尾山雀（*A. caudatus*）、领雀嘴鹎（*Spizixos semitorques*）、棕头鸦雀（*Sinosuthora webbiana*）、画眉（*Garrulax canorus*）、棕颈钩嘴鹛（*Pomatorhinus ruficollis*）、山斑鸠（*Streptopelia orientalis*）、红嘴蓝鹊

图2.8　寿带鸟

图2.9　黄喉鹀

（*Urocissa erythroryncha*）、松鸦（*Garrulus glandarius*）等（溪波等，2013）。

董寨保护区内猛禽资源非常丰富，常见的鹰形目猛禽有赤腹鹰、松雀鹰（*A. virgatus*）、黑冠鹃隼（*Aviceda leuphotes*）、黑耳鸢（*Milvus migrans*）（图2.10）；鸮形目猛禽主要有斑头鸺鹠（*Glaucidium cuculoides*）（图2.11）、红角鸮（*O. sunia*）和鹰鸮（*Ninox scutulata*）等。在这些猛禽中，赤腹鹰、黑冠鹃隼和红角鸮为夏候鸟，晚春至初夏陆续迁来，离开董寨保护区南迁的时间都是9月末至10月初。松雀鹰为董寨保护区的留鸟。

图2.10 黑耳鸢

图2.11 斑头鸺鹠

董寨保护区主要保护的是暖温带与亚热带过渡区的各种鸟类，尤其是国家Ⅱ级重点保护野生动物白冠长尾雉已经成为该保护区的旗舰物种（马静等，2012）。该区域的生境状况适于白冠长尾雉栖息，其野外种群密度名列全国前茅（Wang et al., 2012），并拥有一个人工圈养种群。此外，该保护区曾是著名珍禽朱鹮（*Nipponia nippon*）的历史分布区，但后来灭绝了。目前董寨保护区正在实施朱鹮的再引入项目，2013年10月10日，首批34只人工繁殖的朱鹮已被成功放归到野外。目前在董寨保护区附近的彭新乡红堂村已经发现野放的朱鹮成功配对，并在林缘的马尾松上筑巢繁殖。一些放归野外的朱鹮个体扩散距离较远，向南的个体飞入了湖北境内，而向北扩散的一些个体飞到了河南驻马店市。

3. 爬行动物

董寨保护区爬行类物种比较丰富，共有2目9科29属36种（龟鳖目2科3属3种；有鳞目7科26属33种），其中有鳞目（Squamata）蜥蜴亚目（Sauria）的常见种类有蜥蜴科（Lacertidae）的北草蜥（*Takydromus septentrionalis*）（图2.12）、石龙子科（Scincidae）的蓝尾石龙子（*Eumeces elegans*）（图2.13），这些都是在本地区栖息的赤腹鹰的主要食物。此外，蛇亚目（Serpentes）的乌梢蛇（*Zaocys dhumnades*）（2.14）、赤链蛇（*Dinodon rufozonatum*）、王锦蛇（*Elaphe carinata*）（图2.15）、黑眉锦蛇（*E. taeniura*）、虎斑游蛇（*Natrix tigrina*）（瞿文元，1985）以及龟鳖目（Testudoformes）的黄缘闭壳龟（*Cuora flavomarginata*）、鳖（*Pelodiscus sinensis*）等（赵尔宓，1993）在本区域均有一定数量的分布。

图2.12 北草蜥

图2.13 蓝尾石龙子

图2.14　乌梢蛇

图2.15　王锦蛇

4.两栖动物

董寨保护区内分布有两栖动物17种（含外来种），隶属于2目8科14属。其中有尾目3科3属3种，常见种类有东方蝾螈（*Cynops orientalis*）等；无尾目5科11属14种，常见种类有饰纹姬蛙（*Microhyla ornata*）、无斑雨蛙（*Hyla immaculata*）、虎纹蛙（*Hoplobatrachus chinensis*）、中华大蟾蜍（*Bufo gargarizans*）（图2.16）等（朱家贵，2022）。

图2.16　中华大蟾蜍

5.无脊椎动物

在董寨保护区内，无脊椎动物资源非常丰富。昆虫有24目233科1 187属1 741种。常见种类有鳞翅目（Lepidoptera）的碧凤蝶（*Achillides bianor*）、铜灰蝶（*Lycaena phlaeas*）、老豹蛱蝶（*Argyronome laodice*）、琉璃蛱蝶（*Kaniska canace*）等（周尧，1994）；鞘翅目的独角仙（*Allomyrina dichotoma*）；蜻蜓目的黄蜻（*Pantala flavescens*）、红蜻（*Crocothemis servillia*）、玉带蜻（*Pseudothemis zonata*）等（申效诚等，1994）。

另外，还有宽体金钱蛭（*Whitmania pigra*）、缘拟舌蛭（*Hemiclepsis marginata*）等13种环节动物（和振武等，1990）；圆头楔蚌（*Cueopsis heudei*）、江西巴蜗牛（*Bradybaena Kiangsinensis*）、洞穴丽蚌（*Lamprotula careata*）等39种软体动物（宋朝枢，1996）。

第三章　研究对象——赤腹鹰

一、赤腹鹰概述

赤腹鹰隶属于鹰形目鹰科，其繁殖区主要在中国境内，由于数量相对稀少而被列为我国 II 级重点保护野生动物（图3.1、3.2）。在我国，赤腹鹰主要繁殖于南方地区和辽东半岛（赵正阶，2001；Sunde，2005）。有分布记录的主要省份包括河北、北京、天津、山东、河南、山西、陕西、云南中部、四川、重庆、贵州、湖北、湖南、安徽、江西、江苏、上海、浙江、福建、广东、香港、澳门、广西、海南、台湾（郑光美，2023）。国外繁殖于朝鲜半岛南部。秋季开始南迁，到我国华南地区、南亚（印度）、东南亚（缅甸、泰国、马来半岛、菲律宾群岛、印度尼西亚）越冬（Ferguson-Lees & Christie，2001；赵正阶，2001；约翰·马敬能

图3.1　赤腹鹰（雄）喂食

图3.2　赤腹鹰（雌）鸣叫

等，2000；Germi，2013）。在迁徙过程中，赤腹鹰经过我国台湾及东南亚诸国（Decandido，2004，2007；Lorsunyaluck，2008；Germi et al.，2009）。

赤腹鹰主要栖息于山地森林和林缘地带，也见于低山丘陵和山麓平原地带的小块丛林、农田边缘和村屯附近。常单独或集小群活动，栖止时多停留在树木或电杆的顶端，发现猎物后则迅速俯冲而下进行捕食。食物以蜥蜴、小鸟、蛙类为主，也捕食啮齿类和大型昆虫（赵正阶，2001）。

赤腹鹰在我国大部分地区为夏候鸟，一般4—5月迁到繁殖地。繁殖期5—8月，营巢于高大乔木上（图3.3）。巢呈盘状，主要由枯枝筑成，每窝产卵2～5枚。9—10月随着气温下降，赤腹鹰陆续迁往南方，除部分留在云南、广西、广东、福建、海南等地越冬，其余大部分个体迁徙到东南亚越冬（赵正阶，2001）。赤腹鹰曾经是我国南方地区比较常见的鸟类（La Touche，1931），近年来数量已明显下降。

图3.3　赤腹鹰巢

迄今，国内外对赤腹鹰的研究工作较少。20世纪70年代，Kwon（Kwon & Won，1975）和Park（Park et al., 1975）在韩国对8巢赤腹鹰的繁殖情况进行了观察，但限于有限的样本量，很多方面的研究未能深入。孙元勋等（2010）利用气象雷达在台湾垦丁等地对赤腹鹰春季北迁的规律进行了研究；郑育升等（2006）对赤腹鹰秋季迁徙规律进行了研究。在泰国，Lorsunyaluck等对其境内雷达山（Radar hill）的赤腹鹰和日本松雀鹰（*A. gularis*）的秋季迁徙进行过报道（Lorsunyaluck et al., 2008）；Choi等对赤腹鹰的巢内伴生昆虫（Choi et al., 2008）、领域行为（Choi et al., 2012）、反性别二态性（Choi et al., 2013）进行了研究。到目前，有关赤腹鹰专项研究的文献还比较少，其他多为零星描述。显然，赤腹鹰缺少系统的生态学研究资料，在繁殖生态学、行为学和分子生物学等方面缺少新的、更为系统的研究报道。

二、赤腹鹰的"性二态"

赤腹鹰"性二态"现象比较显著。雌鸟的体型明显大于雄鸟；雌鸟的虹膜为柠檬黄色，而雄鸟的是暗棕色；鸣叫方面，雄鸟的鸣叫频率比雌鸟高；羽色方面，雄鸟（图3.4）背部蓝灰色，胸部淡红色，基本无横纹。雌鸟（图3.5）背部偏褐色，胸腹有不显著的横纹。借助这些特征可以准确辨识赤腹鹰的雌雄个体（约翰·马敬能，2000；Ferguson-Lees & Christie，2001）。

图3.4 赤腹鹰（雄）　　　　　图3.5 赤腹鹰（雌）

三、分布与种群调查

每年4月下旬开始，在猛禽活动较为频繁的长竹林、八斗眼、毛竹园、高家湾、王大湾、洗脸盆、皮鄂、下园和董桥等地点布设样线。样线总长度14.7km（表3.1），样线单侧宽度选定为50m。采用固定宽度样线调查法。

表3.1 董寨地区赤腹鹰种群数量调查样线布设情况

样线序号	地点	样线长度（km）	主要生境
1	长竹林	0.95	落叶阔叶林、杉木林、灌丛
2	八斗眼	1.37	落叶阔叶林、针阔混交林
3	毛竹园	1.27	落叶阔叶林、杉木林、灌丛
4	高家湾	1.39	落叶阔叶林、灌丛、农田
5	王大湾	1.45	落叶阔叶林、灌丛、农田
6	洗脸盆	0.92	落叶阔叶林、灌丛、农田
7	皮鄂	2.80	落叶阔叶林、松林、农田
8	下园	1.69	落叶阔叶林、灌丛、农田
9	白云—董桥	2.86	落叶阔叶林、灌丛、农田

以徒步的方式对赤腹鹰、松雀鹰、凤头鹰（A. trivirgatus）、灰脸鵟鹰、黑冠鹃隼等猛禽的种类、数量及分布情况展开调查。调查时间可选择在猛禽最为活跃和易于观察的清晨及傍晚，清晨的调查时间选择在6:00—8:00，傍晚的调查时间为17:00—19:00。进行样线调查时，以2～3km/h的速度匀速前进，记录样带内见到和听到的猛禽数量及其到样线的直线距离。对天空中飞翔的猛禽以能够准确辨识种类为准。同时，收集和记录猛禽各类行为信息，为接下来的鹰巢搜索等工作做准备。

种群密度的计算（许龙等，2003）：$D=\dfrac{N}{2LW}$

D—某种猛禽的密度；N—统计到的猛禽数量；L—样线长度；W—样线单侧宽度。

四、研究的意义

赤腹鹰主要在中国境内繁殖，该物种的种群数量曾经十分庞大，但目前在很多地区已经变得十分稀少，种群规模大幅度下降，分布区大大收缩。生境破碎化、人为破坏、环境污染等因素对赤腹鹰的生存构成严重威胁，却一直缺乏深入系统的研究。作者团队前后历时20余载，从生物学、生态学、行为学、保护生物学和分子生物学等多个方面，对赤腹鹰进行了较为系统的研究，为该物种的保护管理提供科学支撑，并为其他猛禽的研究提供些许借鉴。

第四章　栖息地利用格局、巢址选择与巢防卫

一、猛禽繁殖期的栖息地利用

在春夏季节，大多数鸟类都要占有一块领域，以便更有效地利用食物、巢址等资源来确保繁殖活动的顺利进行。鸟类领域（territory）的概念最早由Altum（1868）提出，他认为在众多的鸟类中，繁殖对之间不能紧挨在一起筑巢，每个繁殖对都必须在与其他繁殖对相隔一定距离的地方营巢繁殖。由于自然界中食物的种类、数量的影响以及鸟类取食方式等因素的制约，许多鸟类为避免饥饿都需要占有一个特定大小的活动区，这块区域就是其领域。进一步研究显示，领域是鸟类为满足其繁殖和生存的需要而占据的区域，该区域往往受到领域占有者的有效保护，不允许其他鸟类，尤其是同种其他同性个体的进入（郑光美，2012）。研究发现，鸟类领域大小因鸟种的不同而有很大变异，并受到许多外在因素的影响（Brown，1964）。

为了占据和维持领域，许多鸟类在繁殖期呈现复杂多样的领域行为（Brown，1969）。例如欧亚鸲（*Erithacus rubecula*）等鸣禽常通过鸣叫来宣示所占有的领域（Johnstone，1998；Scriba et al.，2010），柳雷鸟（*Lagopus lagopus*）常通过巡视来维持其领域（Mougeot et al.，2003；Matthiopoulos et al.，2003），更多的鸟类则对入侵者进行攻击和驱赶（Bergo，1987）。鸟类的领域行为可以给占有者带来利益。由于领域的存在，使鸟类能够在外界干扰相对较少的条件

下完成求偶、交配、孵卵、育雏等一系列繁殖活动，同时也使得领域拥有者能够独占领域范围内质量较好的食物、巢址、栖位等各种资源条件（郑光美，2012）。深入研究鸟类的领域行为，探讨影响领域大小的主要生态因子，已经成为鸟类生态学的重要研究内容之一。

猛禽是以捕食其他动物为生的鸟类，不同于其他鸟类的资源需求，它们对于空间和食物的要求相对更高，因此，也常常需要更大的领域范围（Speiser & Bosakowski，1989）。Squires & Kennedy（2006）曾把猛禽的空间需求划分为3个水平的功能区：巢区、雏鸟离巢后活动区、觅食区（图4.1）。其中巢区（即巢周围）是一个相对狭小的区域，受到亲鸟特别严格的保护；雏鸟离巢后活动区在巢区的周围或一侧，是雏鸟离巢后到开始出生扩散之前的活动区域，雏鸟在此区域内继续接受亲鸟喂食、完成身体发育、完善飞行技巧并提高捕食能力；觅食区是猛禽获得食物的场所，与巢区的空间关系因种类不同而有很大差异（Squires & Kennedy，2006）。对于猛禽的生存和繁衍而言，这3个区域都非常重要，也都可能受到其保卫而成为其领域。但由于种类和生活史阶段的不同，猛禽的领域范围大小会有所变化（Simmons & Smith，1985；Sergio et al., 2003）。

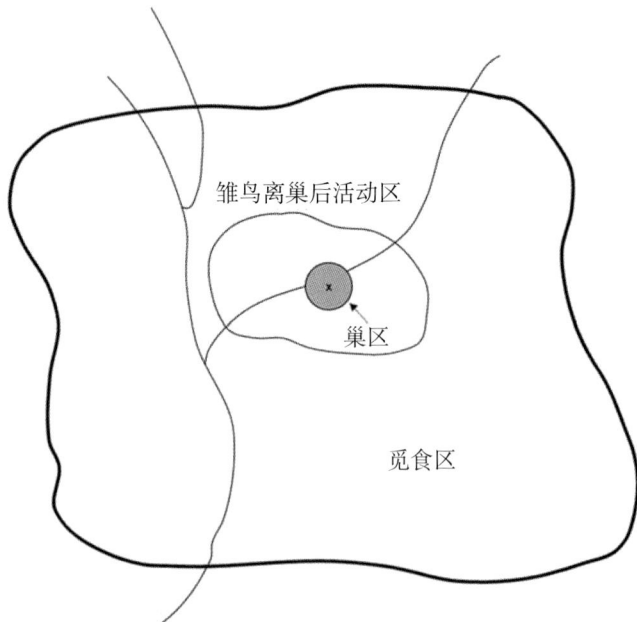

图4.1　猛禽3个水平的功能区

（引自 Squires & Kennedy）

在领域之中，巢址是鸟类完成筑巢、产卵、孵卵和育雏活动的地点。巢址选择恰当与否是鸟类能否繁殖成功的关键。由于巢址直接关系到巢的安全性、亲鸟觅食的便利性与觅食效率等，因此巢址选择一直是猛禽繁殖行为研究的经典内容之一（Titus & Mosher，1981；Byholm & Nikula，2007）。研究特定物种的巢址特征，探讨各种生态因子对巢址选择的影响，对于了解猛禽的繁殖习性和生活史对策具有重要意义，同时也是开展物种保护与资源管理的基础。

赤腹鹰是一种小型猛禽，主要在中国和朝鲜半岛繁殖，以往对其繁殖生态仅有少量的研究（Kwon & Won，1975；Park et al.，1975），有关其领域行为只有零星的描述（Choi et al.，2013），而对其巢址选择尚无专项研究。

二、研究方法

1. 种群数量与迁徙状况调查

由于赤腹鹰一般是在每年的4月底到5月初在董寨保护区开始出现，因此本项研究每年自4月下旬开始野外调查。在董寨地区的长竹林、八斗眼、毛竹园、高家湾、王大湾、洗脸盆、皮鄂、夹沟、下园等地点布设样线，采用样线法（Line Transect）对赤腹鹰的数量进行调查。调查时间选择在赤腹鹰最为活跃和易于观察的清晨及傍晚，其中清晨的调查时间选择在6:00—8:00，傍晚的调查时间为17:00—19:00。进行样线调查时，以2 ~ 3km/h的速度匀速前进，记录样线两侧见到和听到的赤腹鹰的数量及其到样线的直线距离。通过样线调查数据和野外工作时的观测记录，确定每年春季最早、秋季最晚见到赤腹鹰的时间和地点，作为其迁徙抵达和迁离本研究区的时间，两者之间的时间长度为赤腹鹰在本研究区的居留期。野外工作时，同时观察记录赤腹鹰的各种活动和行为。

2. 巢的搜索

采用个体跟踪法和全区域搜索法，在野外研究区域内搜索赤腹鹰的巢（图4.2）。

图4.2　赤腹鹰巢树

（1）个体跟踪法

赤腹鹰雄鸟在繁殖早期的占区鸣叫、雌雄鸟的占区炫耀飞行、巢材搜集等行为多发生在领域当中，甚至在巢区附近。结合对赤腹鹰巢树选择偏好的了解，连续跟踪特定个体的相关行为，直至寻找到鹰巢。

（2）全区域搜索法

在董寨保护区全区域搜索工作于每年6月上旬进行。观察发现，此时赤腹鹰的领域都已稳定，较早迁来的繁殖个体已筑好巢，甚至已经产卵；晚到的赤腹鹰也已开始筑巢。在此期间，对研究区域内没有发现赤腹鹰巢的区域进行一次全面搜索。第二次补充搜索于7月初进行。通过这两次搜索，研究范围内绝大部分的赤腹鹰巢都能被找到。

3.成鸟的捕捉、标记及无线电遥测

通过网捕法，在赤腹鹰巢附近捕捉成鸟。对捕捉到的个体，使用全国鸟类环志中心的金属脚环和塑料彩色脚环进行个体标记，并对该个体身体参数进行测量。为追踪赤腹鹰的活动情况，本项研究给部分赤腹鹰佩戴了无线电发射器并进行了无线电遥测。所使用的无线电接收机由美国WMI 公司（Wildlife Materials Inc., USA）生产，型号为TRX-1000WR，接收频率范围为216.000 ～ 216.999 MHz；接收天线为三段式折叠八目天线（3-element yagi directional antenna）。发射器为加拿大Holohil公司（Holohil Systems Ltd.）生产的BD-2C型（重量0.8 ～ 2.0g，工作寿命6个月）、PD-2C型（重量2 ～ 4g，工作寿命12个月），均小于被标记鸟体重的3%。发射频率216.000 ～ 216.999MHz。发射器佩戴方式为后背式。将目标个体捕获后配戴发射器，随即放飞，3d后开始遥测定位。遥测位点通过目击或采用三角定位法（Kenward，1987）获得。

4.领域行为的观察

对在样线调查过程中遇到的赤腹鹰、在巢址周围活动的赤腹鹰个体以及无线电遥测的个体，进行行为观察，记录雌雄个体在求偶期、筑巢期、孵卵、育雏期等不同阶段领域行为的类型、出现日期及持续的时间。对部分领域行为进行摄像和拍照，以便准确描述。

5.巢树与巢的测量

研究人员发现赤腹鹰巢后，使用GPS手持机（GPSmap60CSx, GARMIN, USA）对其进行定位，记录巢树树种和巢区特征。使用围尺（京卫牌，SH22）测量巢树胸径，用测绳（50M, Wanxiang, China）测量巢树树高和巢距地面的高度。对可以接近的鹰巢，测量巢长径、巢短径、巢高、巢深等基本结构参数。

6.巢址变量及其测量

对所发现的赤腹鹰巢，按顺序编号，进行GPS定位，并记录以下几方面的巢址参数：

（1）巢位景观尺度特征。包括巢所在的生境类型（针叶林、阔叶林或针阔混交林）、坡位（沟底、上坡位、中坡位、下坡位）、坡向、坡度、巢距山脊距离、巢距沟底距离、巢距林缘距离、巢距居民点距离、巢距道路距离、巢距农田距离、巢距林缘距离、巢距水源距离。

（2）巢位小尺度特征。包括所选择的树种，巢树树高、胸径和冠幅、巢位（主干/侧枝）、巢枝的直径和方向，巢距地面高度，巢距树顶高度，巢上方郁闭度（%）和巢下方郁闭度（%）。

（3）以巢树为中心20m×20m样方内的植被特征。包括草本层的高度、平均高度和盖度；灌木的平均高度、平均地径、灌木的株数和郁闭度（%）；乔木的平均胸径、平均高度、平均冠幅和总郁闭度（%）。其中，草本层的高度、平均高度和盖度以样方内对角线交叉点的1m×1m小样方及每条对角线顶端处的4个1m×1m小样方内的草本植物来计算；灌木的平均高度、平均地径和株数，以样方内存在的所有灌木计算；乔木层的平均胸径、平均高度、平均冠幅，以胸径>8cm、高度>4m的乔木来计算。

在鹰巢所在山坡选取合适地点做对照样方测量：在巢树上下左右4个方向，30～50m范围内，随机选取对照样方。对照样方的测量参数及其测量方法与巢址样方相同。

7.数据分析方法

在赤腹鹰巢址特征的有关数据中，由于其坡向数据属于圆形数据，因此在开展分析之前首先对其进行了余弦转换（徐基良等，2006）。参考徐基良等（2005）的方法，以单样本K-S检验（One-Sample Kolmogorov-Smirnov Test）考查所分析的各个变量是否符合正态分布，对于不符合正态分布的变量进行了自然对数（ln）转换，再次检验是否符合正态分布。在比较巢址样方和对照样方的各变量差异时，凡是符合正态分布的变量（或转换后的变量）采用配对样本的t检验；不符合正态分布的变量则采用威尔科克森符号秩检验非参数检验（Wilcoxon Signed Ranks Test）。在比较繁殖成功巢和失败巢的巢址特征的差别时，对符合正态分布的变量，采用独立样本的t检验；对不符合正态分布的变量采用非参数检验（Mann-Whitney Test）。在比较赤腹鹰巢对主干和侧枝的选择以及不同坡位、林型和树种之间繁殖成功率的差别时，采用了卡方检验（Chi-square test）。所有统计分析在社会科学统计程序（SPSS）中进行。

三、研究结果

1.领域行为

（1）领域的建立

赤腹鹰春季迁来时，雄鸟先行迁到，随即开始展现占区行为：一般在其选择的领域内短距离飞行或在树上停栖警戒；在大树上停栖时，常发出长声鸣叫，多为4声一度，类似"jiajiajiajia"，鸣叫数声后，飞到附近的大树上继续鸣叫。在此期间，若有其他雄鸟接近则予以驱逐。

约一周后，雌鸟迁到繁殖地，雄鸟随即开始求偶炫耀飞行和配对，在此过程中常伴有鸣叫。配对后的赤腹鹰成鸟经常成对活动。清晨，一般在所占领的领域上空进行炫耀飞行。其炫耀飞行可分为两种类型：第一种是翱翔，雌雄鸟共同在领域上空盘旋，偶尔鸣叫；另一种是在领域内短距离飞行，雌雄鸟先前后相随进行短距离飞行，然后在大树上停栖并长声鸣叫，随后再飞行，如此循环。如遇有其他赤腹鹰飞到领域内则进行驱赶。

(2) 领域的防卫

赤腹鹰的领域防卫行为主要包括3种类型：巡飞、鸣叫及驱逐。防卫行为贯穿了其整个繁殖期，包括求偶期、筑巢期、孵卵期、育雏期、离巢后育雏期，但每个时期的防卫行为类型及其出现的比例有所不同。巡飞和鸣叫行为主要出现在求偶期和筑巢期。在这两个时期，相邻繁殖对的领域界线尚不十分稳定，领域占领者常借助巡飞和鸣叫等行为宣示自己对领域的所有权，阻止其他个体进入。在占区后的求偶期，保护领域的主要是赤腹鹰雄鸟。雌鸟并没有明显的领域防卫行为，只有雄鸟会对闯入其领域的其他雄鸟立即予以驱逐，且对其他雄鸟的叫声也非常敏感。在筑巢期，赤腹鹰的配对关系已经稳定下来，雌雄鸟都表现出领域防卫行为，一般表现为在领域上空的盘旋、在领地内的飞行鸣叫等。

在孵卵期和育雏期，雌鸟承担了大部分的孵卵、喂食和防卫工作，雄鸟则主要负责捕猎和领域防卫，为雏鸟和雌鸟提供食物。领域防卫主要由雄鸟承担，但雌鸟也对巢区进行积极防卫，而且其防卫对象不仅是赤腹鹰，对进入巢区的松鸦、噪鹃（*Eudynamys scolopaceus*）、卷尾（*Dicrurus* spp.）等鸟类也十分警觉，若这些鸟类停留时间稍长，雌鸟则离巢发起攻击，将其驱离。

巢后育雏期，雏鸟已经离巢且已经有了较好的飞行及自卫能力，成鸟的领域防卫行为逐渐变弱。雌鸟仍在巢区附近活动，保护并为幼鸟提供食物。无线电遥测显示，雏鸟离巢约一周后，雌鸟离开其领域开始游荡，领域行为从此消失。离巢后，雏鸟在巢区周围生活约15d，然后离开并开始游荡。雄鸟随之开始游荡，但也有部分雄鸟（$n = 4$）仍停留在原来的领域范围内活动，直到秋季迁徙开始才离开。

(3) 领域行为的意义

研究表明，赤腹鹰的领域行为从刚到达繁殖地即开始，直至雏鸟离巢后，这说明赤腹鹰必须通过领域行为来避免同种其他个体的侵扰。在研究期间还曾记录到赤腹鹰种内竞争的特殊现象。例如，2008年7月3日10:49，对大阴坡赤腹鹰巢进行观察时，记录到来自邻近巢的赤腹鹰雄鸟趁本巢雌鸟离开之际，多次啄击巢中的鹰卵。10:54，雌鸟返回，"来袭"的雄鸟立即飞走。虽然最终没有毁掉巢中的鹰卵，但此现象的存在表明赤腹鹰种内存在一定的竞争，占据并有效防卫领域对保证繁殖成功十分重要。

2.巢树选择偏好

研究结果显示，赤腹鹰倾向于选择在高大阔叶乔木上筑巢繁殖。根据对133个鹰巢的统计，91.73%的巢筑在阔叶树上，只有8.27%的巢是在针叶树上。在所有被赤腹鹰用作巢树的树种中，利用比较多的有板栗（*Castanea mollissima*）、枫杨（*Pterocarya stenoptera*）、马尾松（表4.1）。巢树平均高度为 14.21m±4.13m（$n = 88$），平均胸径 40.3cm±11.6 cm（$n = 88$）。巢位多在树冠的中下部。

表4.1 董寨地区赤腹鹰巢树种类组成统计

树 种	数量（棵）	占比（%）
板栗（*Castanea mollissima*）	79	59.40
枫杨（*Pterocarya stenoptera*）	26	19.55
马尾松（*Pinus massoniana*）	9	6.77
麻栎（*Quercus acutissima*）	7	5.26
加拿大杨（*Populus × canadensis*）	4	3.01
枫香（*Liquidambar formosana*）	4	3.01
水杉（*Metasequoia glyptostroboides*）	2	1.50
栓皮栎（*Quercus variabilis*）	1	0.75
梨（*Pyrus* spp.）	1	0.75

3.赤腹鹰巢址特征

为了进出巢的方便，许多猛禽选择在树冠层郁闭度不太高的位置营巢繁殖（Cerasoli & Penteriani，1996；Malan & Shultz，2002；Mirski，2009）。Thorstrom 等（2000）在研究双色鹰（*Accipiter bicolor*）的过程中发现，郁闭度高的森林生境可能会妨碍猛禽的狩猎行为（Thorstrom & Quixchán，2000）。另一些学者也认为相对开放的生境比枝叶浓密的针叶林生境更有利于猛禽捕猎（Moore & Henny，1983；Malan & Robinson, 2001）。有灌丛、草地相间的阔叶林生境对蜥蜴类动物的生存比较有利（Ji et al., 1989；Lin et al., 2011）。在本研究区，蜥蜴是赤腹鹰的重要猎物之一。因此，赤腹鹰选择在落叶阔叶林中建巢繁殖可能是食物丰富度、捕猎便利性及进出巢方便性等因素共同影响的结果。在本项研究中，赤腹鹰主要在落叶阔叶林中筑巢繁殖，而针叶林和针阔叶混交林生境很少利用。

在本项研究中，对39个赤腹鹰的巢址进行了重点测量。结果显示，大多数巢筑于阔叶林中（$n = 32$ 巢，占总数82.05%），在针阔混交林（$n = 5$ 巢）和针叶林（$n = 2$ 巢）中的巢较少。

研究区域内赤腹鹰所选筑巢的树一般位于中下坡位或者沟底（中坡位8巢，下坡位21巢，沟底8巢），没有巢筑在上坡位。巢树所在处一般坡度较缓（<40°），距离道路、沟底、居民点、林缘等的平均距离均在150m以内（表4.2）。赤腹鹰倾向于选择沟底或者中下坡位筑巢，并且巢距离农田等不太远，其原因可能与其捕食方式有关。在董寨保护区，赤腹鹰主要以蜥蜴、昆虫等为食，而这些物种在相对较开阔的沟底、农田等生境中更容易被发现，因而可以提高赤腹鹰的捕食效率。所以将巢置于觅食地附近，对于缩短觅食地和巢之间的距离，减少外出觅食的能量消耗，具有重要意义。

经测量，赤腹鹰的巢树较为高大，平均高度14.14m±0.63m（均值 ± 标准误，下同），平均胸径为38.94cm±1.71cm（表4.2）。在巢位方面，赤腹鹰对侧枝（$n = 21$ 巢）和主干（$n = 18$ 巢）的选择上没有显著差别（Chi-square test, $x^2 = 0.23$, $df = 1$, $P = 0.63$）。

表4.2　董寨地区的赤腹鹰巢址特征

巢址变量	样本量	范围	均值	标准误
坡向（°）	37	0 ~ 358	142.01	19.62
坡度（°）	36	0 ~ 38	19.99	2.99
巢距道路（m）	39	0.5 ~ 75	14.65	2.53
巢距地面（m）	38	4.5 ~ 17.3	9.68	0.49
巢距沟底（m）	39	1 ~ 70	21.54	3.05
巢距居民点（m）	39	5 ~ 613	132.49	22.06
巢距林缘（m）	39	3 ~ 160	36.26	6.12
巢距农田（m）	39	5 ~ 580	119.74	24.95
巢距山脊（m）	39	9 ~ 800	145.87	30.49

（续）

巢址变量	样本量	范围	均值	标准误
巢树树高（m）	38	8.1～24.6	14.14	0.63
巢树胸径（cm）	39	18～64.9	38.94	1.71
乔木冠幅均值（%）	39	14.3～88.4	32.69	2.80
乔木总郁闭度（%）	39	8～65	32.00	2.23
乔木树高均值（m）	39	5.86～15.1	9.36	0.35
乔木胸径均值（cm）	39	8.9～29.7	15.74	0.70
灌木总郁闭度（%）	39	4～67	28.69	2.97
灌木平均树高（m）	39	0.4～2.8	1.78	0.07
灌木平均地径（cm）	39	0.4～2.7	1.43	0.08
草本平均高度（m）	39	14.9～76.4	34.17	1.99
草本盖度（%）	39	7.4～89	25.29	2.37

　　赤腹鹰巢址样方与对照样方相比，在坡度和灌木层郁闭度上存在显著差异（表4.3），即赤腹鹰巢址的坡度较对照样方更大，而灌木层郁闭度更高；其他变量均不存在显著差异。赤腹鹰巢址坡度选择的原因目前尚不清楚，而赤腹鹰选择灌木层郁闭度更高巢址营巢，则可能与赤腹鹰的主要猎物有关。赤腹鹰在本区域的主要猎物是北草蜥等爬行动物，它们更喜欢灌丛郁闭度较高的生境为其提供更好的隐蔽条件。另外，本项研究的结果还显示，赤腹鹰的巢大多筑在阔叶林中，并偏好以阔叶树种作为巢树，这与在该研究地区同域分布的松雀鹰等猛禽不同，可能是由于种间竞争所致。

表4.3　赤腹鹰巢址样方与对照样方各变量的差异性检验

巢址变量	样本量	巢址样方		对照样方		t	自由度	P
		平均值	标准误	平均值	标准误			
坡度（°）	37	22.42	3.11	14.69	2.09	2.62	36	0.01
坡向（°）	37	142.01	19.62	119.71	19.79	−0.55	38	0.59
巢距道路（m）[①]	39	14.65	2.53	20.97	5.08	−0.65	38	0.52

（续）

巢址变量	样本量	巢址样方		对照样方		t	自由度	P
		平均值	标准误	平均值	标准误			
巢距沟底（m）[①]	39	21.54	3.05	31.23	5.75	−1.01	38	0.32
巢距居民点（m）	39	132.49	22.06	140.54	21.12	−0.66	38	0.51
巢距林缘（m）	39	36.26	6.12	38.62	8.62	−0.31	38	0.76
巢距农田（m）[①]	39	119.74	24.95	128.33	25.69	−0.61	38	0.55
巢距山脊（m）[①]	39	145.87	30.49	136.87	33.44	−0.14	38	0.89
乔木冠幅均值（%）	39	32.69	2.80	33.89	3.50	−0.31	38	0.76
乔木总郁闭度（%）	38	32.63	2.19	32.74	2.77	−0.04	37	0.97
乔木平均树高（m）	39	9.36	0.35	9.80	0.40	−1.00	38	0.32
乔木平均胸径（cm）	39	15.74	0.70	16.81	0.93	−0.95	38	0.35
灌木总郁闭度（%）	39	28.24	3.04	18.96	2.15	2.70	38	0.01
灌木平均高度（m）[②]	39	1.78	0.07	1.76	0.04	−0.112[b]	—	0.91
灌木平均地径（cm）	39	1.43	0.08	1.50	0.07	−0.72	38	0.47
草本平均高度（m）	39	34.17	1.99	35.16	1.86	−0.41	38	0.68
草本盖度（%）	39	25.29	2.37	24.63	1.57	0.27	38	0.79

注：①该变量在进行比较前做了自然对数转换；②该变量采用 Wilcoxon Signed Ranks Test 检验，相应的统计量为 Z；其他变量均采用配对样本 t 检验。

对繁殖成功的巢和没有繁殖成功的巢的巢址特征进行检验发现，不同坡位（沟底、下坡位和中坡位）对赤腹鹰巢能否繁殖成功的影响不存在显著差异（Chi-square test，$x^2 = 0.69$，$df = 2$，$P = 0.71$）。同样，是否繁殖成功与不同林型（阔叶林和其他林型）（Chi-square test，$x^2 = 2.52$，$df = 1$，$P = 0.11$）、不同树种（板栗、枫杨、其他树种）也没有显著关系（Chi-square test，$x^2 = 5.23$，$df = 2$，$P = 0.07$）。此外，本项研究未发现繁殖成功巢和繁殖失败巢在坡向、坡度、距道路、居民点的距离等方面存在差异，亦未发现乔木、灌木、草本层特征等方面存在显著差异（表4.4）。

表4.4　赤腹鹰繁殖成功巢和繁殖失败巢的巢址参数差异性检验

变量（variables）	成功巢			失败巢			t	自由度	P
	样本量	均值	标准误	样本量	均值	标准误			
坡向（°）	23	0.21	0.16	16	0.28	0.19	−0.29	37	0.77
坡度（°）	23	24.11	4.67	14	19.64	3.03	0.69	35	0.49
巢距道路（m）	23	15.35	3.33	16	13.66	4.01	0.33	37	0.75
巢距沟底（m）	23	21.00	4.05	16	22.31	4.76	−0.21	37	0.84
巢距居民点（m）	23	142.39	34.86	16	118.25	20.53	0.6	34	0.55
巢距地面（m）[1]	22	2.17	0.08	16	2.44	0.18	−1.5	36	0.14
巢距林缘（m）[1]	23	3.16	0.22	16	2.95	0.27	0.6	37	0.55
巢距农田（m）[1]	23	4.04	0.30	16	3.94	0.30	0.22	37	0.83
巢距山脊（m）[1]	23	4.46	0.25	16	4.30	0.20	0.49	37	0.63
乔木总郁闭度（%）	23	31.87	3.02	16	32.19	3.38	−0.07	37	0.95
乔木树高均值（m）	23	9.16	0.45	16	9.65	0.58	−0.67	37	0.51
乔木胸径均值（cm）	23	15.17	0.84	16	16.56	1.23	−0.98	37	0.34
灌木总郁闭度（%）	23	26.83	3.71	16	31.38	4.95	−0.75	37	0.46
灌木平均高度（m）[2]	23	3.47	0.08	16	3.48	0.08	−0.17[2]	—	0.86
灌木平均地径（cm）	23	1.35	0.09	16	1.56	0.13	−1.37	37	0.18
草本平均高度（m）	23	34.28	2.89	16	34.01	2.65	0.07	37	0.95
草本郁闭度（%）	23	25.99	3.46	16	24.28	3.03	0.35	37	0.73

　　[1]该变量在进行比较前进行了自然对数转换；[2]该变量采用Wilcoxon Signed Ranks Test检验，相应的统计量为Z；其他变量均采用独立样本T检验。

　　以往的研究发现，巢址质量与繁殖成功率之间存在一定关系（Negro，Hiraldo，1993；Donázar et al., 1993；Rottenborn，2000）。但本项研究发现，赤腹鹰是否繁殖成功在不同树种、不同林型、不同坡位中不存在显著差异，这说明赤腹鹰对不同树种、不同林型和不同坡位的偏好不是受到天敌的影响，而是受到其他生态因子（如种间竞争等）的影响。需要注意的是，不同树种的繁殖成功率存在着具有显著差异的趋势。仔细分析数据发现，赤腹鹰在板栗和枫杨上的巢繁殖成功率（67.7%，$n = 31$）要高于在其他树种上的成功率（25.0%，$n = 8$），而上述统计上差异不显著的结果可能是由于样本量较小造成的，有待收集更多的数据以验证这一趋势。除此之外，本项研究在比较繁殖成功巢和繁殖失败巢的特征时，也没有发现两者在乔木、灌木和草本层特征等方面存在显著差异，这一方面可能是由于天敌对赤腹鹰巢的破坏具有一定的随机性（取决于是否被天敌偶然发现）；另一方面也可能是由于本项研究样本数偏少，尚未找到与其繁殖成功率直接相关的巢址特征参数，有待继续加大样本量，对影响其繁殖成功率的更多巢址因素进行分析。

4.领域行为和巢址选择偏好对物种保护的启示

赤腹鹰栖息于低山丘陵的森林与林缘地带，繁殖期间，多在林缘、村屯附近的高大乔木上筑巢繁殖（Ferguson-Lees & Christie，2001；赵正阶，2001；Kwon & Won，1975）。研究发现，董寨保护区赤腹鹰主要的营巢生境是阔叶林，自然保护区的良好生态环境为这种猛禽的栖息和繁衍提供了理想条件。自然保护区是我国开展珍稀野生动植物就地保护的主要场所，在生物多样性的保护方面发挥着重要作用。已有的研究发现，自然保护区内的生物多样性水平较高，已经成为很多濒危物种的避难所（薛达元等，1995；白帆等，2008）。因此为了保护包括赤腹鹰在内的珍稀濒危物种，还应该进一步加强我国的自然保护区建设。

随着我国社会经济的快速发展，自然环境承受的压力越来越大，在保护区之外的天然植被多已被农田、果园替代，赤腹鹰的适宜生境丧失严重，可能会对赤腹鹰的生存造成不利影响。此外，砍伐后遗留下来的栖息地多已严重破碎化。对于破碎化的生境，其相对边界显著增长，栖息其中的动物更多地暴露于环境污染和人类干扰之下。栖息地的改变给赤腹鹰的生存和繁衍带来了极大挑战。首先，赤腹鹰在林缘及人类活动区筑巢繁殖受到的人类干扰十分严重，除了对其巢及雏鸟的直接破坏之外，过多的人类活动难免扰乱其本身固有的活动规律；其次，农田、果园中大量施用的化肥、农药，工业生产排出的废气、废水等，使土壤、水、空气被不同程度污染。环境中的有害物质沿着食物链向上传递的同时，呈几何级数不断富集。"生物富集过程"使处于生态金字塔顶端的猛禽成了环境污染的最大受害者之一，赤腹鹰也不例外。在前期的研究中，发现有的雌性赤腹鹰产下了软壳蛋；同域繁殖的松雀鹰出现过巢中所有雏鸟同时死亡的案例，没有任何明显前兆，身上也没有任何被袭击的外伤，确切原因不得而知，有可能是因为成鸟给它们喂食了遭到有害物质严重污染的食物（图4.3）。因此，今后还应客观系统地开展生物学、生态学、保护生物学研究，为制定科学合理的保护措施提供依据。

图4.3　死亡的松雀鹰雏鸟

第五章　赤腹鹰的繁殖生态

　　繁殖生物学是鸟类研究的基本内容，详尽的繁殖过程记录是种间比较研究的基础，对于已有假说的检验和新假说的提出十分重要，同时对深入理解鸟类繁殖策略演化也非常有益（Auer et al., 2007）。数学统计模型对繁殖参数的变化通常是非常敏感的（Grier, 1980；Nichols et al., 1980；Hiraldo et al., 1996；Real & Mañosa, 1997），而这些统计规律对保护管理策略的制定极为重要（Shultz, 2002；Sano, 2003；Margalida et al., 2003; Margalida, 2007）。

　　尽管许多种猛禽的繁殖生物学已被研究得非常详细了（Schnell, 1958；MOSS, 1979；Delannoy & Cruz, 1988；Malan & Shultz, 2002；Millon et al., 2002；Mougeot & Bretagnolle, 2006），但仍有许多种类尚待研究，包括很多仅分布于亚洲的种类，赤腹鹰就是这样的物种。目前，国内外对其生物学、生态学信息的了解都很不充分（Ferguson-Lees & Christie, 2001；Robson, 2005；Strange, 2014）。

　　作为一种迁徙性猛禽，赤腹鹰繁殖于中国南方地区和朝鲜半岛（许维枢，1995；Ferguson-Lees & Christie, 2001；高玮，2002；郑光美，2023）；越冬于印度尼西亚和菲律宾等地；迁徙时经过东亚、东南亚及其他地区（Decandido et al., 2004, 2007；郑育升等，2006；Lorsunyaluck et al., 2008；Germi et al., 2009；Sun et al., 2010；Germi, 2013）。赤腹鹰在其分布区曾经比较常见（Thiollay, 1994；赵正阶，2001），但有关该物种的繁殖生物学信息仍十分匮乏，在韩国进行的研究样本量仅有8巢（Kwon & Won, 1975），甚至某些方面是对一个繁殖巢的基本繁殖数据的简单呈现（Park, 1975）。伴随着经济的高速发展，过去的30

年间，亚洲东部地区的自然环境发生了巨大变化，赤腹鹰赖以生存繁衍的适宜生境多已破碎化。为了更好地了解赤腹鹰的生存现状和种群发展趋势，需要搜集更多、更系统的关于该物种繁殖生物学方面的数据。为此，2008—2013年，在董寨保护区对赤腹鹰的繁殖生物学进行了较为系统的研究（图5.1）。

图5.1　赤腹鹰雏鸟排成一排等待亲鸟喂食

一、研究方法

1.数量调查基本方法

猛禽活动范围大，多栖息于偏僻的地区，种群数量少，密度低，野外数量调查工作的难度大。现有的野外调查主要是针对猛禽的种类组成、分布状况及种群密度。虽然多数调查方法难以给出一个地区猛禽的绝对数量，但对冬季与繁殖季的种群相对丰富度、栖息地利用情况等都能提供非常有价值的信息。目前，常用的猛禽野外调查方法主要有以下几种。

（1）公路样线调查法

这种方法适合大尺度生境中猛禽相对数量的调查（Millsap & LeFranc，1988；Viñuela，1997；Resources Inventory Committee，2001；Leitao et al.，2001；Boano et al.，2002），尤其适合在开阔栖息地中调查个体大、容易辨识的种类。调查者乘坐机动车，在一定时间和距离内记录见到的所有猛禽的种类和数量。例如，在美国加利福尼亚进行的鸮类调查中就使用了公路样线调查法（Condon, et al., 2005）。

(2) 徒步样线调查法

徒步样线调查是在研究区域内选取有代表性的生境随机布设样线，步行调查猛禽的种类和数量。这是一种传统的调查方式，也是最常使用的调查方法，虽然效率不及公路样线调查法，但可以远离公路进入各类有代表性的生境，而且还可以获取猛禽的鸣声等信息。当此方法用于郁闭度较高的生境时，往往需要调查者周期性地做短暂停留以聆听猛禽叫声（Resources Inventory Committee，2001）。

(3) 样点调查法

选择合适的调查地点，记录以一定半径画出的圆形区域内能见到或听到的所有猛禽。此方法适合在地形复杂的区域或特定时期（如求偶期、迁徙期）使用，如与样线调查等方法结合使用则更有效（Boano & Toffoli，2002）。

(4) 鸣声回放调查法

调查者在研究区内播放猛禽叫声，聆听周边回应的叫声并记录。在使用此方法时，要特别注意不同物种、性别、不同年龄组的个体对所播放的鸣声可能出现不同反应，需要对调查数据进行校准。调查时须避开恶劣天气，也应根据不同研究对象特有的规律而准确把握调查的季节（Fuller & Mosher，1987；Bibby et al.，2000；Condon, et al., 2005；）。此技术对栖息于密林中的猛禽和夜行性鸮类有更大的潜在应用价值（Rorsman et al., 1977; Mosher et al., 1990, 1996; Gosse & Montevecchi, 2001）。

2.巢的搜索

野外研究中，不同时期分别采用个体跟踪法和全区域搜索法，在研究区内搜索赤腹鹰的巢。

(1) 个体跟踪法

赤腹鹰雄鸟通常在繁殖早期占区鸣叫，雌雄鸟在领域内进行占区炫耀飞行，此时若发现赤腹鹰，基本可以确定其巢的大概区域。结合往年巢址和对赤腹鹰营巢偏好的了解，连续跟踪特定赤腹鹰个体，直到找到其巢。此方法从5月中旬开始使用，直至6月初（Ma. et al., 2016）。

（2）全区域搜索法

到了6月上旬，赤腹鹰的领域逐渐稳定，很难再观察到赤腹鹰的炫耀行为，有些繁殖较早的个体已经筑好巢甚至开始产卵。在此期间，对研究区域内没有发现赤腹鹰巢的区域以及赤腹鹰的旧巢附近进行一次全面搜索。7月初，绝大部分赤腹鹰都已经到了孵卵后期，甚至有些已经进入育雏期，此时再对空白区域进行一次全面搜索。通过两次全面搜索，确保可以找到研究区域内绝大部分巢（Ma. et al., 2016）。

3.巢防卫等级的测定

当赤腹鹰停止产卵后，在孵卵期对不同赤腹鹰个体进行巢防卫强度的测定。观察发现：不同个体在受到威胁时会表现出不同的应激反应，而同一个体在孵卵期的多次测定中的行为方式不会发生明显变化。实验中，以人作为入侵者，观察记录初次查访繁殖巢时10min内赤腹鹰对人攀爬巢树并接近巢所做的行为反应，根据不同的表现将应激反应强度分为4个等级（Sergio & Bogliana, 2001；Kunca & Yosef, 2016）：

Ⅰ级：不靠近巢树，仅在远处鸣叫。

Ⅱ级：有俯冲示警行为，但不会进入巢树树冠范围。

Ⅲ级：俯冲示警行为较强，飞行进入巢树树冠范围，不攻击人。

Ⅳ级：有强烈的俯冲示警行为，飞行进入巢树树冠范围并对人进行攻击。

4.红外相机监测

研究人员发现疑似赤腹鹰巢或者旧巢时，用固定于15m碳纤维鱼竿顶部的运动相机（小米，小蚁运动相机，YDXJ01XY）进行探查。若发现内部垫有新鲜巢材，则确定为本年的赤腹鹰繁殖巢。若卵数为3～4枚，卵色已从白色变为浅黄色，则确定亲鸟不再产卵，这时可以在巢树上安装红外监控相机（深圳猎科公司Acorn Ltl 5210）。首先用铁丝将小型万向云台固定在巢附近的树枝上，相机安装于万向云台上，适当调整，以能够拍到巢内全景为宜。相机本身为迷彩涂装，再用树枝对相机进行伪装以降低干扰。将相机设置为定时拍照，间隔时间1min，定期更换电池组和内存卡。整理分析内存卡中的监测照片以统计繁殖行为（图5.2）。

图5.2 雌鸟为雏鸟庇荫

5.红外相机数据的分析处理

对红外监控相机拍摄的照片进行整理，将一个孵卵期（结束产卵至第一只雏鸟孵化出）中无阴雨天气的 24h 作为一个记录单位，记作1d。若一个巢所记录的数据大于5d，则随机抽取完整的 5d；若一个巢的监控照片不足 5d，则取全部可用的完整记录，分别提取以下数据作为衡量孵卵投入的参数（蒋迎昕等，2005）：

日孵卵次数（次）：亲鸟完成"入巢—孵卵—离巢"整个过程的次数。

日孵卵时间（min）：除去夜间的孵卵时间。

夜间孵卵时间（min）：亲鸟在傍晚最后一次回巢直到清晨离巢这个时间段的时间。

平均单次孵卵时间（min）：日孵卵时间/孵卵次数。

平均离巢时间（min）：将亲鸟离巢到下一次亲鸟回巢（任意一只亲鸟）这一时间段定义为离巢时间。在实验中，平均离巢时间取 24h 内离巢时间的平均数。

孵卵总时间（min）：24h 内雌鸟和雄鸟在巢内总的孵卵时间。

保持监控相机持续工作到雏鸟出窝，以确定每一巢的成活率，根据育雏后期的监控信息计算以下繁殖结果：

繁殖成功率（%）：成功离巢个体总数/卵的总数。

卵损失率（%）：孵化失败的卵数/卵的总数。

雏损失率（%）：损失的雏鸟总数/成功孵化的雏鸟数。

研究中所有统计结果均以（平均数±方差）的形式表述。

将每个巢不同日期的孵卵投入取平均数，使用 SPSS 23 进行数据的分析处理。使用 Spearman 等级相关分析处理巢防卫等级与孵卵投入参数之间的相关性；对于孵卵投入参数之间的相关性分析，首先用单样本 K-S 检验所有繁殖投入相关变量是否符合正态分布，对于符合正态分布的变量，用偏相关进行分析，用巢防卫等级作为控制变量（Ma et al., 2016；刘丽秋，2016）。

二、研究结果

（一）董寨保护区赤腹鹰的繁殖密度

1. 赤腹鹰繁殖密度

在董寨保护区对白云保护站核心区的一个 $3.04~km^2$ 的区域曾进行了5年的连续监测（2008—2012年），结果显示，每年在该区域内繁殖的赤腹鹰巢数为 4 ~ 9 巢，平均繁殖密度为 1.32 ~ 2.96 巢 $/km^2$。平均相邻巢最小间距为 328.9 ~ 510.0m（表5.1），年际差异不显著（ANOVA，$F_{4, 28} = 1.104$，$P = 0.374$）。而相邻巢间距的最小值仅为 98.0m，说明在生境保护状况较好的保护区核心区，赤腹鹰的繁殖密度是相当高的。

表5.1 赤腹鹰最近相邻巢的间距

单位：m

巢序号	最近相邻巢的间距				
	2008年	2009年	2010年	2011年	2012年
1	157.8	827.7	322.1	409.2	408.7
2	394.6	819.8	474.8	312.0	328.8
3	269.2	288.8	816.6	98.0	525.1
4	142.4	163.4	426.4	353.2	548.3
5	186.1	325.8	—	430.2	301.3

（续）

巢序号	最近相邻巢的间距				
	2008 年	2009 年	2010 年	2011 年	2012 年
6	685.2	270.8	—	460.3	444.8
7	467.3	408.2	—	276.6	525.9
8	—	601.7	—	—	—
平均值	328.9	463.3	510.0	334.2	440.4
标准差	199.3	255.9	214.1	123.0	99.1

2.繁殖种群密度的变化

在白云保护站的核心区对赤腹鹰的巢间距进行了测量：最近巢间距从 $328.9m \pm 199.3m$（$n = 7$, 2008）到 $510.0m \pm 214.1m$（$n = 4$, 2010）。在白云保护站核心区这个 $3.04km^2$ 的区域内，繁殖巢的密度变化还是很大的。研究时没有对该区域内赤腹鹰主要猎物的密度进行调查，但Newton（1979）认为繁殖对的密度是栖息地质量和食物资源丰富度的指示（Newton，1979）。在研究地，赤腹鹰的繁殖成功率没有表现出显著的年际差异，繁殖巢密度的差异似乎是对猎物密度年际变化的反应。类似的情况也见于苍鹰。在猎物资源短缺的年份，其窝卵数没有受到显著影响，但繁殖种群密度有所下降（Rutz & Bijlsma，2006）。

（二）巢材选择与筑巢行为

1.巢材的选择

在对赤腹鹰筑巢行为进行观察时发现，其筑巢所用的巢材主要来自巢树周围的树上，包括枯树枝和带有鲜叶的活的细树枝。枯枝构成鹰巢的主体结构，而细嫩的枝叶加强了巢材之间的联系，使鹰巢的结构更为紧固。亲鸟选择自己从树上折取大小合适的枯枝，而不是从地面拾取已有的枯枝。在搜寻鹰巢期间，通过直接观察巢材断点的新旧，可判断所发现的鹰巢是当年新筑的，还是往年的陈巢，屡试不爽。赤腹鹰对巢材的选择方式拥有一定的合理性。其巢是筑在高大树木上，且很多巢是位于树木的侧枝上。在其孵卵和育雏期间经常会碰到大风天气，巢的坚固程度直接影响其繁殖成功率。若要营造牢固的巢，选择合适的巢材就显得尤为关键。掉落到地面的细小枯枝因掉落时间不同，其腐烂程度有一定差异，但无论如何都不如仍然在树上的枯枝更为结实。赤腹鹰选择树上的枯枝作为巢材，更有利于筑出坚固可靠的巢，抵受强风的影响，进而为顺利繁殖提供更好的保证。

2.筑巢行为

在研究区，赤腹鹰的筑巢活动开始于5月初，持续到6月初，有57.45%（$n = 47$）的繁殖对在5月中旬开始筑巢（图5.3）。筑巢行为开始最早的记录是在2012年5月5日。筑巢期持续约14d。

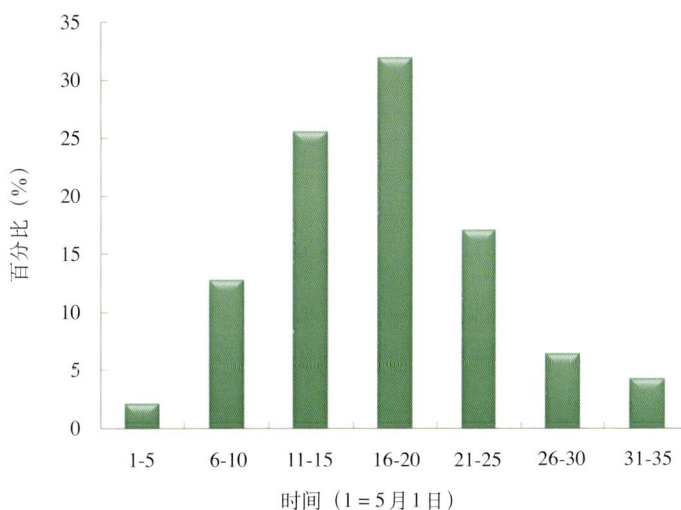

图5.3　赤腹鹰筑巢开始时间的分布

每天的筑巢活动开始于5:00，6:00—9:00为一天中筑巢活动的高峰。其后，赤腹鹰回巢次数逐渐减少。

在14:00以后，没有记录到赤腹鹰携带巢材回巢（图5.4）。

对54个巢进行测量的结果显示，巢的平均内径为（14.81±1.82）cm×（16.5±2.0）cm，外径（36.0±6.9）cm×（44.1±7.4）cm，平均巢深5.6cm±1.1cm，巢高为18.8cm±6.9 cm。

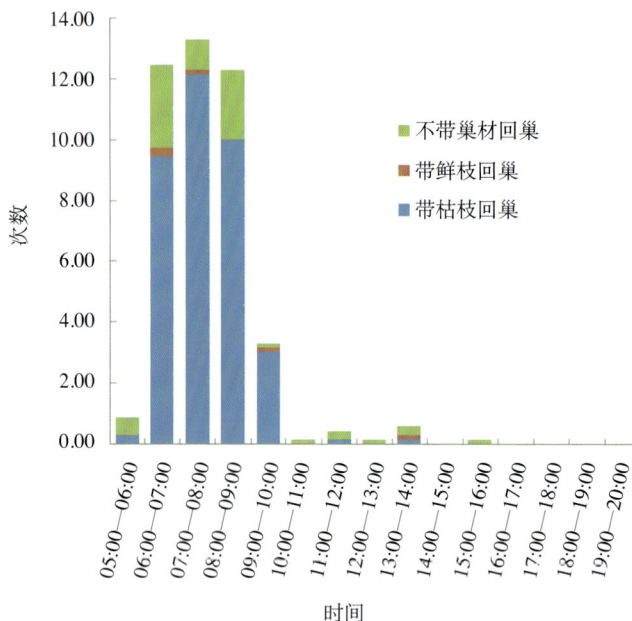

图5.4　赤腹鹰筑巢活动日节律

赤腹鹰极少利用旧巢，在6年的研究过程中，仅在八斗眼的赤腹鹰巢（31°57′08.7″N；114°14′37.2″E）被重复利用。新繁殖季开始时，亲鸟往旧巢上添加巢材并进行修整，然后开始产卵。另外，还记录到一只被标记的雄鸟回到上一年的巢区，在原来巢树30m外的一棵大枫杨上筑巢繁殖，但雌鸟不是其上一年的配偶。

（三）产卵时间与窝卵数

1.产卵时间分布

赤腹鹰的筑巢工作完成后，会在巢底垫一些带树叶的嫩树枝或单片的新鲜树叶，随后便开始产卵。在研究中，使用红外监控相机对115个赤腹鹰巢进行了监控拍摄（2009年17巢，2010年30巢，2011年39巢，2012年29巢）。其中，能够确定产卵时间的有45巢，绝大多数（95.56%）的赤腹鹰雌鸟在6月10日之前产卵（5月17日至6月17日，$n = 45$；图5.5）。红外监控数码相机准确地记录到了66枚卵的确切产出时间。产卵时间遍及一天当中的任何时间段，但中午是产卵的高峰（$n = 66$）（图5.6）。

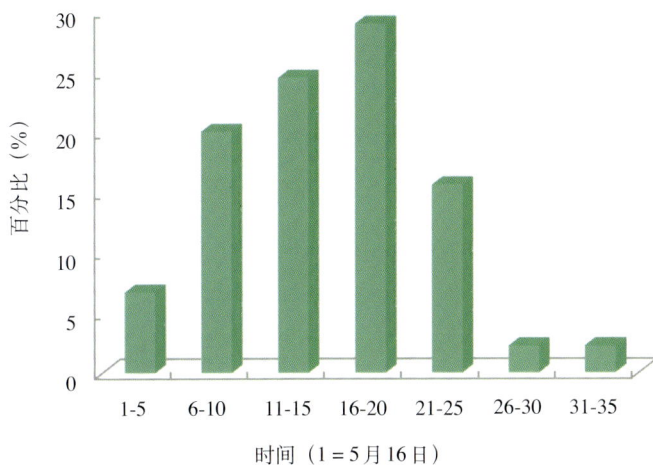

图5.5　赤腹鹰产卵开始时间的季节分布

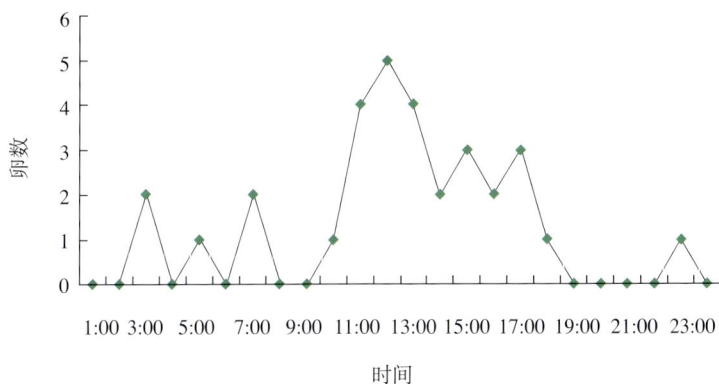

图5.6　赤腹鹰产卵时间的分布规律

2.窝卵数与卵的量度

在董寨地区，赤腹鹰的窝卵数为 3.16 枚 ±0.75 枚，其中，产3枚卵的巢在所有的巢（1 ～ 4 枚，$n=129$）中出现频次最高（图5.7）。窝卵数的年际变化不显著（ANOVA，$F_{4,124}=1.077$，$P=0.371$）。

共测量了57巢的182枚卵，平均卵长径为36.02 ± 1.35mm（32.73 ～ 39.69mm），卵短径29.55 ± 0.93mm（27.26 ～ 31.53mm），平均卵重15.88 ± 1.64g（12.10 ～ 20.00g）。

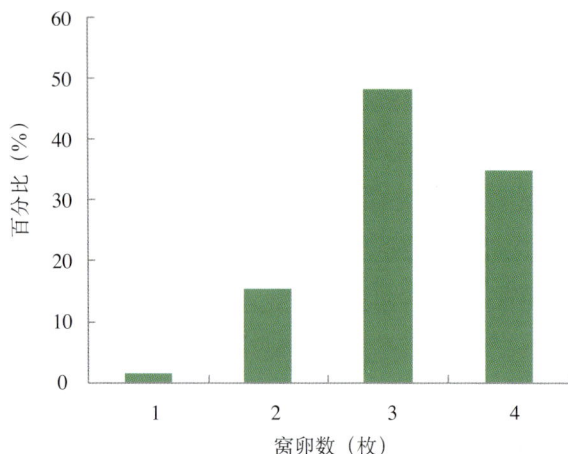

图5.7　赤腹鹰窝卵数分布频率

在董寨保护区繁殖的赤腹鹰的窝卵数明显少于在韩国繁殖的种群的窝卵数（4.13枚±0.99枚）。这种差别有可能是由于在韩国的研究样本量小，统计误差比较大，但两地间窝卵数的对比也符合目前已知的鸟类窝卵数随纬度增高而变大的规律（Payne，1976；Bahus，1993；Dunn et al., 2000；Boyer et al., 2010；Rose & Lyon, 2013）。Dunn等（2000）发现树燕的窝卵数与地理纬度和食物相对多度呈正相关。暂无法对比董寨地区和韩国两地赤腹鹰食物资源的情况，但韩国的研究地纬度比董寨地区高5°36′，繁殖期的白昼时间比董寨地区长33分钟，有效捕猎时间更长，食物条件也有可能优于董寨地区。两地赤腹鹰卵的平均大小也提供了一个间接证明。在韩国，赤腹鹰卵大小平均为36.9mm×29.6mm（Kwon and Won 1975），而董寨地区的赤腹鹰卵大小平均为36.02mm×29.55 mm，前者稍大于后者。

3.赤腹鹰的卵色变化

根据以往的文献记述，赤腹鹰卵被描述为卵圆形，淡青白色，具有不甚明显的褐色斑（赵正阶，2001）；或卵圆形、白色（Kwon & Won，1975）。本项研究中发现，赤腹鹰刚产出的新鲜卵为白色，多数为纯白色，有些卵表面有大小不一的不规则的暗褐色或深紫色斑块。孵卵期间，赤腹鹰卵会被来自巢材的色素逐渐染成棕色。下雨之后，卵的颜色变化更为明显。在整个孵卵过程中，卵的颜色发生不同程度的变化，有些卵到出雏前甚至会变成深棕色或深褐色。其原因可能与猛禽卵表面的物质构成有关。大多数鸟类卵的最外层为角质层（cuticle；又称晶状层crystal layer），以保护鸟卵的色泽和斑纹不易改变（郑光美，2012）。但猛禽的蛋壳缺少这层结构，蛋壳表面的颜色会因接触到其他物质而改变。赤腹鹰在孵卵过程中会经常往巢底垫新鲜树叶，树叶中的色素在变干过程中与鹰卵接触而沾染卵的表面，使卵色不断加深（图5.8）。

新鲜赤腹鹰卵　　　　　　　孵化1周后的赤腹鹰卵　　　　　　　孵化2周后的赤腹鹰卵

图5.8　赤腹鹰卵色在孵化过程中的变化

（四）孵卵投入与巢防卫行为

1.赤腹鹰孵卵期雌雄行为差异

研究发现，在孵卵过程中，雌鸟和雄鸟在日间交替孵卵，但夜间的孵卵工作多由雌鸟承担。野外观察发现，雄鸟负责主要的捕食任务，雄鸟会将食物带回交给雌鸟。唯一的例外是董桥村附近编号为C22的一个赤腹鹰繁殖巢，于2016年6月27日由雄鸟进行夜间孵卵，此巢仅有一枚卵，且孵化失败，巢防卫等级为Ⅳ。推测可能因为亲鸟缺乏繁殖经验，或者此繁殖对已经繁殖失败过一次，重新筑巢再次尝试繁殖。

研究共测定了15对赤腹鹰孵卵期的巢防卫等级，4个巢防卫等级在雌鸟和雄鸟中都有出现，雄鸟中Ⅱ级最多，Ⅰ级次之，Ⅲ级和Ⅳ级较少；而在雌鸟中Ⅲ级最多，随后依次是Ⅰ级、Ⅱ级、Ⅳ级（图5.9）。

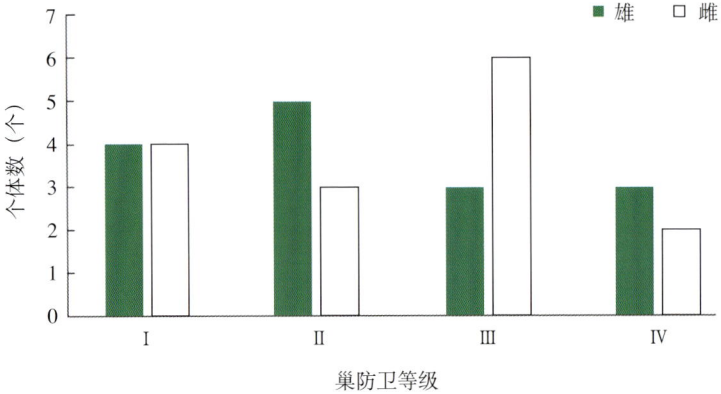

图 5.9 赤腹鹰巢防卫等级

雌鸟的巢防卫等级与雄鸟的巢防卫等级呈极显著正相关（$r = 0.743$，$n = 15$，$P<0.01$）。在野外观察中发现，同一对亲鸟的巢防卫行为不会有特别大的差异，差别不会超过一个巢防卫等级。

雌鸟的孵卵投入总体上多于雄鸟。雄鸟的日孵卵次数为（6.39 ± 1.05）次（$n = 15$巢），日孵卵时间为（176.90 ± 27.26）min（$n = 15$巢），平均单次孵卵时间为（29.00 ± 3.31）min（$n = 15$巢）；雌鸟的日孵卵次数为（17.10 ± 1.44）次（$n = 15$巢），日孵卵时间为（500.45 ± 19.43）min（$n = 15$巢），平均单次孵卵时间为（33.72 ± 2.69）min（$n = 15$巢）。

2.巢防卫等级与孵卵投入的关系

雄鸟的巢防卫等级与雄鸟日孵卵次数（$r = 0.751$，$n = 15$，$P<0.01$）、雄鸟日孵卵时间（$r = 0.803$，$n = 15$，$P<0.01$）、每日雌雄孵卵总时间（$r = 0.527$，$n = 15$，$P<0.05$）呈显著正相关，与平均离巢时间（$r = -0.668$，$n = 15$，$P<0.01$）（图5.10）呈显著负相关，与其他变量没有显著性相关。

雌鸟的巢防卫等级与雄鸟日孵卵次数（$r = 0.717$，$n = 15$，$P<0.01$）、雄鸟日孵卵时间（$r = 0.619$，$n = 15$，$P<0.05$）呈显著正相关，与其他变量无显著性相关（表5.2）。

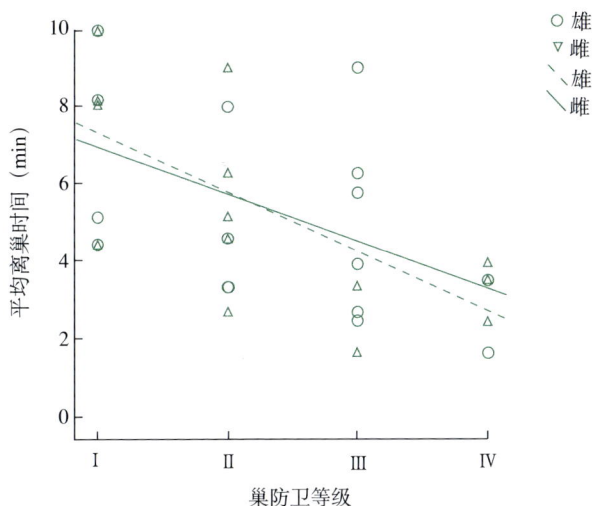

图5.10　赤腹鹰巢防卫等级——平均离巢时间散点分布

表5.2　巢防卫等级与各孵卵投入参数的相关性

孵卵投入参数		雄鸟的巢防卫等级			雌鸟的巢防卫等级		
		r	P	n	r	P	n
孵卵次数	雄鸟	0.751**	0.01	15	0.717**	0.003	15
	雌鸟	0.054	0.849	15	0.318	0.247	11
日孵卵时间	雄鸟	0.803**	0.001	15	0.619*	0.014	15
	雌鸟	−0.494	0.061	15	0.393	0.147	15
平均单次孵卵时间	雄鸟	0.239	0.392	15	0.06	0.986	15
	雌鸟	−0.129	0.646	15	0.436	0.104	15
平均离巢时间		−0.668**	0.007	15	−0.509	0.053	15
夜间孵卵时间		−0.227	0.415	15	−0.501	0.057	15
每日雌雄孵卵总时间		0.527*	0.043	15	0.331	0.228	15

*表示在$P<0.05$级别，显著相关；**表示在$P<0.01$级别，极显著相关。

3.赤腹鹰孵卵节律分配

赤腹鹰每日雌雄孵卵总时间为 1 304.55±77.14min（n=15 巢），平均离巢时间为 5.31±2.90min（n=15 巢），夜间孵卵时间为 642.00±28.83min（n=15 巢）。

偏相关分析显示，平均离巢时间与每日雌雄孵卵总时间（r=−0.772，df = 11，P<0.01）有极显著负相关关系，这表明亲鸟对孵卵行为的投入越多，雌雄亲鸟之间的配合越紧密，巢的安全性也越高。

平均离巢时间与雄鸟的日孵卵次数（r = −0.680，df = 11，P<0.05）、雄鸟的日孵卵时间（r=−0.640，df = 11，P<0.05）、雌鸟的孵卵次数（r=−0.558，df = 11，P<0.05）呈显著负相关，而与雌鸟的日孵卵时间的相关性不显著（r=−0.183，df = 11，P>0.05）。离巢次数的增多并不会导致平均离巢时间的增加，这说明平均离巢时间只与雌鸟和雄鸟的配合程度以及雄鸟的供食能力有关。

每日雌雄孵卵总时间与雌鸟的平均单次孵卵时间（r = 0.641，df = 11，P<0.05）、雄鸟日孵卵时间（r = 0.589，df = 11，P<0.05）呈显著正相关，与雌鸟孵卵次数（r = −0.861，df = 11，P<0.01）呈显著负相关。这说明持续孵卵的雌鸟会使后代获得更多的繁殖投入，雄鸟投入过多的繁殖投入会使总的繁殖投入变少，这和雌雄之间的利益冲突有关。

4.赤腹鹰孵卵过程中两性行为的相互影响

赤腹鹰雄鸟的平均单次孵卵时间与雌鸟的平均单次孵卵时间（r = 0.610，df = 11，P<0.05）呈显著正相关，这说明在两性博弈过程中，食物的供应不足使它们各自延长了外出时间。这是因为总的孵卵投入是相对稳定的，虽然不同繁殖对雌雄之间的行为分配会有所差异，但总体而言，一方孵卵投入的减少将导致另一方投入相应增加。

在研究中，雌鸟的日孵卵次数与雄鸟的日孵卵次数、雌鸟的日孵卵时间和雄鸟的日孵卵时间呈显著负相关，说明在孵卵过程中雄鸟和雌鸟会把孵卵时间控制在较为稳定的区间内，当雄鸟孵卵时间少时，雌鸟会付出更多的时间在孵卵行为上。而孵卵投入少的雄鸟会把更多的时间投入在捕食上，通过增加向巢内雌鸟递食数量以减少雌鸟自身的外出捕食时间。这种行为分配模式能更好地将捕食和孵卵时间合理分配，减少频繁换孵导致的热量散失，也增加了巢的安全性，对赤腹鹰的繁殖成功有着重要的意义（图5.11）。

图5.11　赤腹鹰孵卵（雌）

5.影响孵卵期雌雄行为差异的因素

有些猛禽的雌鸟和雄鸟在遇到同一种入侵者的刺激后会表现出不同的行为方式（Garcia et al.，2002），研究发现，雌雄赤腹鹰虽然行为上有一定差异，但其巢防卫等级之间却呈现出显著正相关，可能有如下原因：

一是不同的个体之间会相互学习和模仿，同一繁殖对更可能成为其互相影响的对象，如果其中一只亲鸟具有较强的巢防卫行为，另一只亲鸟也会相应地增强。

二是在野外研究过程中发现，两只亲鸟同时进行巢防卫时要比任何一只单独出现时更加积极。这和动物的集群性有关，群体可以给后代更有效的保护。

三是巢防卫行为体现了赤腹鹰的个性差异，而个性差异是影响择偶的重要因素，凶猛的个体在择偶中占据优势（赵亚军等，2003），并倾向于选择相似个性的配偶。

四是因为在繁殖过程中的分工不同，赤腹鹰的雌鸟和雄鸟面临入侵者时会表现出不同的应对方式；随着生存经验和繁殖经验的积累，雌雄个体的行为差异会有所变化。

（五）雏鸟的发育

1.雏鸟的孵化

赤腹鹰的孵卵期为29.5 d±0.89 d（28 ~ 31d，$n = 16$）。在研究区域，多数卵在6月中旬至6月下旬的这段时间出雏（图5.12 ~图5.14）。

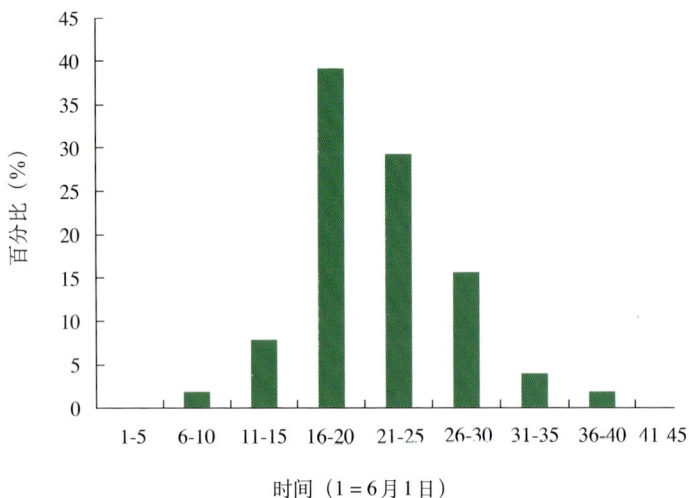

图5.12　赤腹鹰出雏日期的分布

图5.13　雏鸟出壳

图5.14　雌鸟叼走卵壳

2.雏鸟的发育

赤腹鹰雏鸟的跗跖、翅长、体长、体重的发育情况符合逻辑斯谛模型

（图5.15）。雏鸟的体温调节能力发育很快，至11日龄即获得比较稳定的体温，而且已经接近成鸟的体温42.5℃ ±0.7℃ （40.8 ～ 44.2 ℃ , $n = 42$ ）（图5.16）

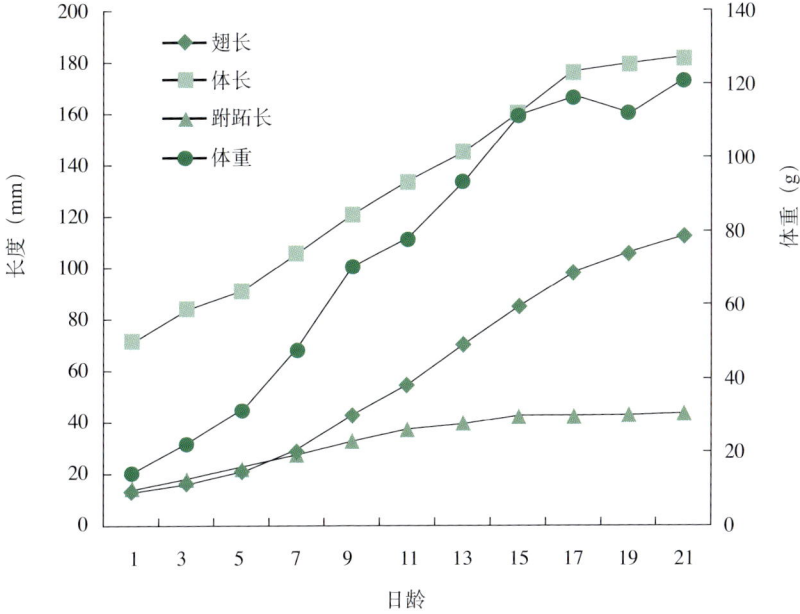

图5.15　赤腹鹰雏鸟的发育

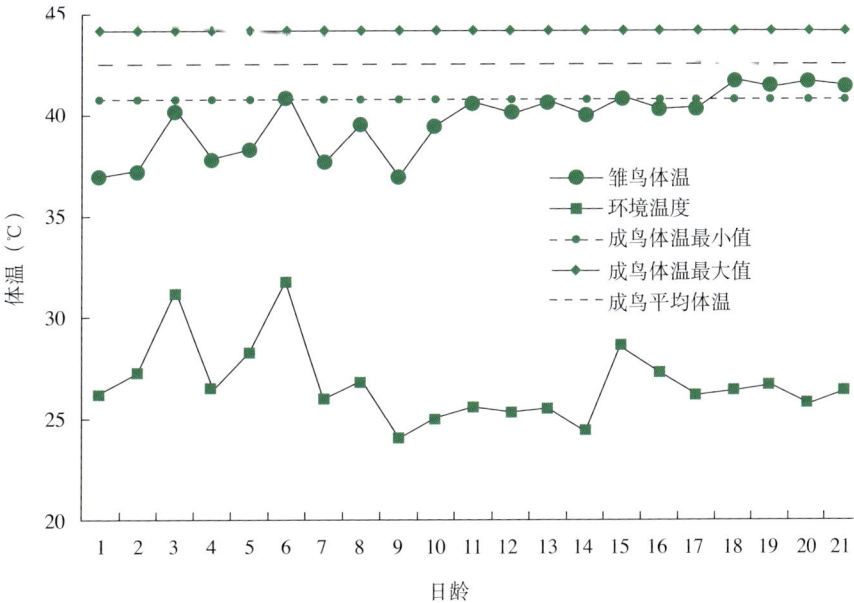

图5.16　雏鸟体温调节能力的发育

3.巢后期幼鸟的活动规律

通常以雏鸟夜晚不在巢中过夜来界定雏鸟开始离巢。观察发现，赤腹鹰雏鸟在（20.4±1.6）日龄（18～25d，$n = 27$）开始离巢。在研究地点，雏鸟离巢时间从7月初持续到8月初。由于赤腹鹰的孵化方式是异步孵化，雏鸟出壳时间不同，发育进度也有明显的差异，因此雏鸟离巢是个渐次的过程，一般持续3～5d。在此期间，亲鸟仍然回到巢中喂食。每当成鸟带食物回巢时，先期离巢后在附近活动的雏鸟也会迅速飞回巢中争食。亲鸟会不断地把食物带回到巢中，直到最后一只雏鸟离巢为止。无线电遥测显示，离巢的幼鸟在离巢后活动区（Post-fledging Area, PFA）活动。赤腹鹰幼鸟离巢后，PFA与巢区的关系因其巢树位置、巢区周围景观类型不同而有很大差异。如果巢树位于大片的森林中，则其离巢后活动区就在巢树周围；若巢位于人类活动区附近的孤立大树上，那么幼鸟离巢后的活动区与巢区则不再相连。在此期间，赤腹鹰幼鸟继续完成身体的后期发育过程，尾羽生长迅速。在成鸟的抚育和保护下，幼鸟自行捕食的能力日臻完善。离巢后17～18d（$n = 10$），赤腹鹰幼鸟开始其"出生后扩散"。无线电遥测研究显示，这个扩散过程表现出一定的"突然性"。在扩散之前，幼鸟全天都在相对固定的区域活动，一旦开始扩散则迅速远离巢区及原来的亲鸟领域。它们与父母的联系就此终结，其捕猎、躲避敌害、夜栖等行为与亲鸟都不再有联系了。

4.雏鸟间的竞争

一些大型猛禽，先出壳的雏鸟在发育上有明显优势，体型比后出壳的雏鸟大，有时会直接攻击较小的雏鸟直至其死亡（Bortolotti，1986；Wiebe & Bortolotti，2000）。虽然赤腹鹰雏鸟间并没有直接的相互攻击并杀死对方的行为，但雏鸟间的竞争在巢内育雏期还是有所表现（图5.17）。由于卵的异步孵化，雏

图5.17 雏鸟争食

鸟孵化时间存在显著差异，在育雏期的前期体型差异明显，雏间竞争的结果有时会导致体型较小的雏鸟因营养不良而死亡（图5.18，图5.19）。另外，雏鸟离巢过程中，虽然雌鸟倾向于将食物送回巢中喂食，但先期离巢的雏鸟飞翔能力增强很快，一旦雄鸟带猎物回到巢区，则蜂拥而上争抢食物，经常不需要雌鸟接过食物再喂给雏鸟。在此情况下，若较小的雏鸟迟迟不能离巢，则很可能因长时间得不到食物而死亡。可见，雏鸟间的竞争不仅仅体现在相互的攻击、对食物的争抢，雏鸟的离巢次序对其存活也有重要影响。

图5.18　弱势雏鸟发育迟缓

图5.19　弱势雏鸟死在巢中

第六章　繁殖期赤腹鹰血液中4种激素水平的差异比较

一、鸟类激素研究概况

鸟类的季节性繁殖是其体内性激素进行季节性变化的外在表现，内分泌系统在鸟类的生殖功能调控中起到了极其重要的作用，其调控作用是下丘脑通过下丘脑—垂体—性腺轴作用于性腺，由性腺分泌性激素作用于身体各个器官，鸟类从而表现出繁殖季的一系列行为和身体特征。随着鸟类生态学基础研究的不断完善，对鸟类行为的研究逐渐深入，研究者想通过生理角度去揭示鸟类的行为机制（Balthazart et al., 1983; Moore, 1984）。

有研究表明，雌性类固醇激素水平会影响子代的成活率（Müller et al., 2002）。Rutstein在研究产卵期血浆雌二醇水平时发现，产第一枚卵当日的雌二醇水平与子代出生性比、胚胎存活率及孵化时间均无显著相关，而子代第七天体重和亲鸟产卵当日血液雌激素水平却呈明显正相关，故该研究证明了斑胸草雀亲本体内的雌二醇会影响雏鸟的发育。另外，卵黄中的雌二醇含量也会对卵的大小产生一定影响（Maddox et al., 2008）。还有一些研究证明了在异步孵化中，后出生的雏鸟雌激素含量较高，生长速度也明显较快（Schwabl, 1996）。

睾酮对于鸟类生殖来说是极其重要的一种激素，以多种方式影响着鸟类复杂的繁殖行为（Balthazart, 1983）。睾酮上升会增加雄鸟的防卫强度，从而提高其繁殖能力（Rost, 1992；Moore, 1984; Saino, 1995）。睾酮不仅与雄鸟孵化和育雏行为相关（Ketterson, 1992），还可以提高雄鸟的交配成功率（Watson, 1981）；另外，睾酮还是雄鸟维持领域行为的驱动力，对其活动能力起到促进作用（Wingfield, 1990）。研究发现，周期性的繁殖行为与鸟类体内的睾酮水平有着密切的关系，比如睾酮可以启动雄鸟的领域行为（Wingfield, 1990），灰蓝灯草鹀体内的睾酮水平可以对其产卵行为产生影响。睾酮对雄鸟的羽毛表型也有一定的影响（Henry, 1999; Strasser, 2004），有研究指出，睾酮浓度越高，羽毛黑化程度越大（Bókony, 2008）。

此外，睾酮对雌鸟的繁殖也会有所影响。睾酮会通过卵黄传递给后代，特别是雄性后代（Moller, 2005）。通过在卵中注射睾酮，可以证明睾酮可以促进孵化的进行，且有利于孵化后的生长与存活（Groothuis, 2005）。Clotfelter（2004）通过对灰蓝灯草鹀的研究，发现睾酮可以推迟产卵行为，并使卵中含有较高水平的睾酮。若向产卵期雌鸟注射睾酮，会使其产卵中断，影响其繁殖能力，且后代性比偏向雄性（Rutkowska, 2005; Veiga, 2004）。睾酮水平过高也会导致鸟类免疫力的下降，增加患病的风险（Duffy, 2000）。有研究表明，能量代谢与睾酮及皮质酮水平有关系，高水平的睾酮可能会导致体重降低，这也许和睾酮导致的新陈代谢加快和活动能力提高有关（Wikelski, 1999）。

皮质酮激素是反映鸟类生存状况的重要指标之一。Selye 在 1946 年提出了应激反应是脊椎动物面临不利环境条件时最主要的生理应对机制，其特征为：动物通过提高糖皮质激素以调整糖代谢、脂代谢从而适应不利环境。除了短时间内受到攻击、灾害、惊吓等突发刺激会引起糖皮质激素的升高，长期的捕食压力、恶劣天气、食物短缺和身体状况等慢性刺激也会使皮质酮处于较高水平。

本项研究通过 Elisa 法测定赤腹鹰血液内的激素水平，探究赤腹鹰 4 种激素的水平在不同个体中的差异变化。

二、研究方法

1.野外血液采集及赤腹鹰身体参数测量

为了减少对赤腹鹰繁殖的影响，在育雏期对赤腹鹰进行网捕、采血和身体参数测量。具体方法如下。

第一，先制作2张1m×1m的雾网，将其两端分别固定在2根1.5m长的细竹竿上。

第二，野外工作人员在巢枝附近吊下登山绳，将收起的网从树下牵引到手中。若赤腹鹰巢防卫行为较强，则尝试直接双手张起雾网捕捉；若赤腹鹰不敢靠近攻击，则在巢附近的树枝上用铁丝固定鸟网，最好固定2～3个，封锁赤腹鹰的回巢途径。架好网后，工作人员在巢树百米外隐蔽处等待，每5分钟用望远镜观察一次，若发现捕捉到亲鸟，则用最快速度解除鸟网。

第三，解除鸟网后用数显游标卡尺（0.01mm）和电子天平（0.1g）分别测量赤腹鹰的喙长、全头长、翅长、尾长、跗跖长、体长、体重。用酒精棉擦拭赤腹鹰的肱下静脉，拨开羽毛，待酒精干燥后用取血针（26G）刺破肱下静脉，待其聚成血珠，接到200 μL离心管中，使其自然凝固；再携带至室内，用便携式离心机（科析400）以4 000转/min的转速离心5min。用移液枪（大龙10 ～ 100 μL）吸取上层血清，移至另一个新的离心管中，将获得的血清保存在−20℃的恒温冰柜中。

对于雏鸟的血液采集，开始于雏鸟5日龄后，最多每3d取一次血，要保证雏鸟的正常成长。

2. Elisa法测定赤腹鹰血清内的4种激素水平

选用在碧橙蓝生物公司购买的96孔Elisa检测试剂盒，分别测定赤腹鹰血液中的睾酮、皮质酮、孕酮、生长激素。

测试方法如下：

（1）将血液样品从−20℃冰柜移至−4℃恒温冰箱，经过一夜解冻后，和试剂盒中的板条一并放在室温平衡20min。

（2）设置标准品孔和样本孔，各加入不同浓度的标准品50μL。

（3）待测样品孔先加入样本5μL，再加样本稀释液45μL（即样本稀释10倍），空白孔不加。

（4）除空白孔外，标准品孔和样本孔中加入辣根过氧化物酶（HRP）标记的检测抗体100 μL，用封板膜封住反应孔，37℃恒温箱中温浴60min。

（5）弃去液体，设置洗板机每孔注入液体350 μL，浸泡1min，重复5次。

（6）每个孔中加入底物A、B各50 μL，37℃避光孵育15min。

（7）每孔加入终止液50 μL，在15min内，用酶标仪设置波长450nm测定各孔的光密度（OD值）。

（8）以标准品浓度为横坐标，对应的OD值为纵坐标绘制标准曲线，按曲线方程计算每个孔的OD值，从而得出每份样品相应的激素浓度。

3.数据处理

删除Elisa实验结果中不合理数据，结合激素水平与巢防卫等级、体尺量度、巢址特征进行相关性分析。

首先用单样本K-S检验所有繁殖投入相关变量是否符合正态分布，对于符合正态分布的变量，用Pearson相关进行分析，不符合正态分布或者不连续变量，用Spearman相关进行分析。所有分析过程均采用SPSS 23软件运行。对于有重复采集的雏鸟个体，用偏相关分析，雏鸟个体编号和日龄作为控制因子；有关成鸟的分析在偏相关中的控制因子为性别。

三、研究结果

1.激素之间的相关性

2016年，共捕捉赤腹鹰成鸟9只（其中雌鸟6只，雄鸟3只），进行了体尺测量并采集血样；累计采集雏鸟血样57次，样本来自30只赤腹鹰雏鸟，具体操作同成鸟。

用Pearson相关分析对所有同一份血液样本中的4种激素（睾酮、皮质酮、孕酮、生产激素）的水平进行两两分析，结果显示，孕酮含量和睾酮含量呈极显著负相关（$r=-0.51$，$n=63$，$P<0.01$）。其他激素之间相关性均不显著（表6.1）。

表6.1　4种激素之间的相关性分析

		皮质酮	孕酮	生长激素
	r	0.022	−0.507*	−0.095
睾酮	P	0.871	0.001	0.457
	n	58	63	63

（续）

		皮质酮	孕酮	生长激素
皮质酮	r		−0.150	0.133
	P		0.256	0.314
	n		59	59
孕酮	r			0.028
	P			0.829
	n			64

*在0.01级别（双尾），相关性显著。

2.激素水平与巢防卫等级之间的相关性

偏相关分析表明，雏鸟体内的4种激素水平与雌鸟和雄鸟的巢防卫等级之间都没有显著相关性；成年赤腹鹰的4种激素水平与其巢防卫等级、身体参数指标的相关性都不显著。通过独立样本 t 检验表明，雌鸟和雄鸟的生长激素（$t = 1.33$，$df = 7$，$P = 0.23$）、皮质酮（$t = 0.53$，$df = 7$，$P = 0.61$）、孕酮（$t = −1.33$，$df = 7$，$P = 0.23$）、睾酮（$t = −1.11$，$df = 7$，$P = 0.30$）都不具有显著性差异。

3.激素水平与巢址选择之间的相关性

通过偏相关剔除雏鸟个体和日龄的差异，结果表明道路距离与睾酮（$r = −0.60$，$df = 46$，$P<0.01$）、孕酮（$r = 0.38$，$df = 46$，$P<0.01$）的相关性极显著。这表明干扰可能会引起睾酮水平的上升，孕酮水平的下降。

4.雏鸟日龄和激素水平的关系

根据皮尔逊相关分析，雏鸟体内睾酮的水平会随日龄的增加而降低（$r = −0.42$，$df = 56$，$P<0.01$），其他3种激素的水平没有随时间的变化趋势。

四、讨论

上述实验结果未能揭示赤腹鹰繁殖行为与激素水平的关系。由于实验过程仅持续在2016年的1个繁殖季，实验过程尚处于探索阶段，需要进一步完善的实验过程，以得到更具说服力的数据。以下主要分析讨论可能导致实验结果出现误差的原因。

1.血液样本来源个体的选择

2016年，研究团队共捕捉赤腹鹰成鸟9只（其中雌鸟6只，雄鸟3只）。这9只成鸟的巢防卫等级大多为Ⅳ级，因为攻击性不强的雌鸟通常行为谨慎，无法手持雾网进行捕捉；而在巢周边放置陷阱，实际操作过程中成功率不高，成鸟可以避开陷阱或长时间不归巢，这导致在捕捉成鸟的过程困难重重。

2016年，研究团队采集了30只赤腹鹰雏鸟的血样，累计取样57次。雏鸟均自5日龄后开始取血，至少每隔3d取一次血，以20d育雏期计算，至多取5次。然而实际研究过程中，很大一部分繁殖巢被发现时已处于育雏期，可取样次数已剩不多；因降雨等天气原因，部分采样工作不得不延后；而正在持续取样的繁殖巢，也存在育雏期繁殖失败的风险，这导致了同一发育时期雏鸟血液的重复样本数量很少，在数据分析的过程中没有排除发育时期不同造成的激素误差。

2.采集血液时间的差异

对于血液中的激素而言，赤腹鹰受到的外部刺激会导致一系列应激反应，从而引起激素水平的变化，4种激素含量都可能会因受到取样过程中的刺激而发生改变，尤其以皮质酮的体现最为明显。在实际研究中，赤腹鹰发现研究者入侵、受到惊吓的过程中糖皮质激素会升高。在不同时间节点获取的血液必然会存在差异，导致取样时间不可控的主要是以下几个方面：不同巢树攀爬难度存在很大差异，攀爬取样所需的时间不可控；捕捉成鸟时，整个捕捉过程的时间和从雾网解下赤腹鹰的时间不可控；另外，研究人员取样手法的熟练度、不同日龄和性格的雏鸟挣扎行为上也存在一定差异。

3.血清的保存方法

反复冻融对血清中很多成分会产生影响(赵明娟，2017；余国庆等，2018)。在血清样本保存期间，保护区曾经数次停电，每次持续6～18h不等。即使冰箱有一定的保温效果，但在气温超过37℃的夏天难免会反复冻融。这可能对测定结果产生一定影响。

　　猛禽是鸟类中的特殊类群，虽然其生存策略千差万别，但大都以捕猎其他动物为食，激素水平对其行为乃至生存的影响是显而易见的。尽管实验中关于赤腹鹰激素的研究还存在很多不尽如人意的地方，但可将其作为一次有益的探索，希望对后续研究者有所启发。

第七章 赤腹鹰的繁殖成效与亲鸟行为策略

对于雀形目鸟类和一些小型猛禽而言，巢捕食是导致繁殖失败的主要原因，甚至很多鸟类繁殖失败的原因是亲鸟被捕食（Amat & Masero, 2004）。由于亲鸟在繁殖期间大部分时间在巢内或者巢周围，巢址的安全性关系到被捕食的概率（Cody, 1981）。被捕食率低的物种对巢址的选择性更大，视野开阔、靠近水源或取食地的巢会使繁殖压力变小，繁殖成功率提高（黄佳亮，2017）。捕食压力会引起窝卵数的改变，高捕食率下会有较少的窝卵数（Lyon, 2007），这样可以使亲鸟在繁殖中投入的成本减少，从而降低风险，有更多的精力进行二次繁殖。

在孵卵期间，入侵者的接近会使赤腹鹰处于警戒状态，频繁的警戒和巢防卫行为会使孵卵时间和取食时间减少，雏鸟的生长状况会因此受到影响，从而降低繁殖成效。恶劣的天气也会导致繁殖失败，强风可能会将巢破坏。持续的降雨会使卵或者雏鸟的温度降低，长期下去会导致死亡。因此，赤腹鹰的繁殖成效受到巢址选择偏好、巢址特征和亲鸟巢防卫行为等诸多因素的影响。

一、繁殖成功率及其影响因素

1.繁殖成功率的监测

研究中对发现的赤腹鹰巢使用红外监控相机进行定时拍摄，记录赤腹鹰巢的命运。对繁殖失败的巢，记录下失败的时间、原因。如果是被捕食者破坏，则鉴定捕食者的种类。卵和雏鸟的日存活率（DSR）采用 Program MARK Version 7.1 进行分析。

2.赤腹鹰的繁殖成功率

使用 MARK 软件对孵卵期数据完整的 108 巢进行分析。其中，只有 15 巢在此期间繁殖失败，其表观存活率为 86.1%，巢日存活率为 99.3% ±0.2%（98.9%～99.6%，95% 置信区间），30d 孵卵期巢存活率的总估计值为 82.1%。

对命运确定的 105 巢进行雏鸟存活率分析，其中有 32 巢在育雏期间失败，其余的 73 巢的雏鸟成功离巢。雏鸟表观存活率为 69.5%，日存活率为 98.7% ±0.3%（97.4%～98.7%，95% 置信区间）。在持续 20d 的育雏期中，育雏成功率的总估计值为 68.4%。

3.导致赤腹鹰繁殖失败的主要原因

2008—2012 年，共研究了 133 个赤腹鹰的繁殖巢。使用红外监控数码相机对其中的 115 巢进行了监控拍摄，得到资料照片 2 126 833 张，涵盖了孵卵期和育雏期。结果显示，蛇类（74.07%）、松鸦（5.56%）和其他猛禽（3.70%）的捕食是导致赤腹鹰繁殖失败的主要原因。其他失败原因还包括不明原因的亲鸟弃巢（5.56%）和恶劣天气（1.85%）。

后续的研究还记录到王锦蛇（$n=9$ 巢）、松鸦（$n=1$ 巢）和黄鼬（$n=1$ 巢）、凤头鹰（$n=1$ 巢）等捕食者。每次捕食都会造成巢内的后代全部损失。其中王锦蛇的捕食全部发生在夜晚；松鸦的捕食策略是一次偷走一枚卵或者将巢中雏鸟全部啄死；而凤头鹰在巢内不但将雏鸟一次全部吃完，还在巢内持续站立达 3h。

4.巢区生境因子对赤腹鹰繁殖成效的影响

不同鸟类类群在生活习性和食性等方面差别较大，因而在巢址选择上呈现较大差异。如中杓鹬（*Numenius phaeopus*）经常在湿地中 1m 左右的灌木上筑巢，这样能防止水位上涨时巢被破坏，同时也保证巢址距离觅食区很近，以投入更多时间到孵卵和育雏中（Skeel, 1983）。而高山兀鹫（*Gyps himalayensis*）

为了避免高原上的大型哺乳类侵扰，选择在坡度很陡的悬崖峭壁的凹陷处筑巢。这样的巢还有很多优势：由于高山兀鹫体重很大，在地面需要助跑才能飞起来，而从悬崖上可以直接通过滑翔起飞；巢上方凸起的悬崖突出部，成了遮风挡雨的天然屏障。同种鸟类不同个体之间也会有一定的巢址选择差异。如鹌鹑（Coturnix japonica）会选择与自己卵色相近的地面筑巢，以增加卵的隐蔽性。而因为卵色的个体差异，不同个体也表现出不同的巢址选择偏好（Lovell et al.,
2013）。

2016—2017年，对27个赤腹鹰巢的巢址样圆内生境参数进行了分析。结果显示，繁殖成功率与巢树到道路（$r=-0.30$, $n=47$, $P<0.05$, Pearson）和农田（$r=-0.39$, $n=26$, $P<0.05$, Pearson）的距离呈显著性负相关，与巢树胸径、巢离地高度、巢树和房屋之间的距离、雌雄鸟的巢防卫行为、样圆内乔木、灌木参数之间的相关性都不显著。这可能是因为农田和道路附近有大量昆虫和小型鸟类，增加了赤腹鹰的捕食机会，繁殖成功率自然也得到提高。

赤腹鹰作为一种栖息于森林中的小型猛禽，巢址通常选在乔木种类丰富、枝叶茂密，但灌木和草本较为稀疏的乔木林中。其繁殖成功率和草本盖度之间呈显著负相关（$r=-0.41$, $n=26$, $P<0.05$, Pearson），草本覆盖度越高，繁殖成功率越低。这是因为草本盖度越高，来自地面的捕食者（如王锦蛇、黄鼬等）越容易隐藏自己，增加赤腹鹰后代被捕食的概率。对于赤腹鹰来说，草本覆盖率低有利于发现来自地面的蛇类等天敌，无论是提前鸣叫呼唤配偶还是直接进行巢防卫，对赤腹鹰的繁殖成功都有积极意义。

5. 人类活动区对赤腹鹰繁殖成效的影响

距道路和农田近的赤腹鹰巢，在繁殖过程中会频繁受到人类的惊扰，强烈的巢防卫行为不仅不能对人类造成有效的震慑，反而会暴露巢的位置，使自己和后代处于危险中。长期适应的结果，这些赤腹鹰倾向于在遇到威胁时保持隐蔽，这样可以节省一些不必要的能量损耗，减少后代暴露的风险。为了尽量减少人类活动所造成的惊扰，靠近房屋筑巢的赤腹鹰会选择更高的巢位。

研究发现，选择巢址距离农田和道路近的赤腹鹰，具有较高的繁殖成功率。显然，农田中更容易发现大型昆虫、爬行类、两栖类和啮齿动物出没，为赤腹鹰捕猎提供了更多便利条件。而公路对于环境的分割，使之形成一种边缘效应，边缘地带由于环境异质性高，有良好的光照、通风条件，丰富了生物多样性，较高的取食效率使此区域的赤腹鹰有更高的繁殖成效。赤腹鹰通过适应道路上车辆的干扰，采取了较为保守的巢防卫策略，便于有更多的时间用于孵卵和育雏。同时，这些干扰也降低了捕食者出现的概率。在对大鸨的巢址研究中发现，大多数的大鸨巢距离道路不足200m，这也说明，很多鸟类的习性已经伴随着生存环境的变化而发生了改变。

本研究中主成分分析表明，赤腹鹰偏好远离人类活动区营巢；而在相关分析中，巢址距离农田和道路越近，赤腹鹰的繁殖成功率越高。这两者并不矛盾，像赤腹鹰这样的小型猛禽对巢址有较高的要求，本能上会远离人类活动区，但乡村建设过程中，赤腹鹰被迫改变繁殖策略；作出改变的赤腹鹰却意外获得了较高的繁殖成功率，代价则是适应人类活动带来的干扰。虽然人类的活动在改变着鸟类的生活习性，但如果以合理的速度和适当的方法改变环境，也可能对其生存产生积极的影响。

二、赤腹鹰的繁殖行为策略

1.赤腹鹰的个体差异对繁殖成效的影响

在董寨保护区繁殖的猛禽还有松雀鹰、灰脸鸳鹰、凤头鹰等。与赤腹鹰相比，它们体型更大，开始繁殖时间更早（于4月初即开始营巢，比赤腹鹰早一个月以上），在种间竞争中处于优势地位，且松雀鹰等猛禽倾向于将巢址选择在人类活动较少的树林深处（马强，2015）。对赤腹鹰来说，与这些猛禽在巢区和食物上直接竞争，是一个巨大的挑战（如研究中拍摄到的凤头鹰捕食松雀鹰幼鸟图片，参见图11.8）。根据"个性—生活节奏综合征"的框架（Reale et al.，2010），可以认为巢防卫行为强的赤腹鹰具有凶猛的个性，属于"生活节奏"快的个体，表现为活动性更高、更倾向于探索、更勇敢、进攻性更强，相应地生长率高、生殖力高、个体寿命也较短。在后代与自身安全的利益冲突中，"生活节奏"快的个体倾向于保护后代的安全，而慢的个体倾向于及时逃离，保证自身安全。实际研究结果显示，巢防卫行为强的赤腹鹰个体选择距离道路较远的区域筑巢，并具有较低的繁殖成功率。在对灰头鸫的研究中，也发现了相似的结论：个性可能通过巢址选择影响个体的繁殖成效，勇敢的雌鸟选择距离居民区较远的地区营巢，此巢区的密度也较低（孙悦华，2017）。

2. 巢后期赤腹鹰成鸟的行为模式

在赤腹鹰雏鸟离巢后扩散前的这段时间，雌鸟继续在巢区保护雏鸟并给其喂食。这期间的食物来源主要是雄鸟捕猎后带回的，主要有蜥蜴、小鸟等优质猎物；同时，雌鸟也在巢区附近捕猎一些较小的猎物提供给雏鸟，有螳螂（*Tenodera* spp.）、鸣蝉（*Oncotympana* spp.）等。最后一只雏鸟离巢12d后，雌鸟离开其领域（$n = 5$），从此停止对雏鸟的抚育，开始独自大范围游荡。此后，就只能偶尔接收到它们佩戴的无线电发射器发出的信号。

赤腹鹰雄鸟在雏鸟离巢后的行为与之前没有明显区别。在雏鸟离巢活动的前期（约1周时间），雄鸟将猎物带回巢区后先交给雌鸟，由雌鸟喂给雏鸟。随着雏鸟飞行、肢解猎物和吞咽食物能力的不断增强，当雄鸟带食物回到巢区附近时，雏鸟便主动飞过去抢食，抢到猎物的雏鸟马上飞走，摆脱了其他雏鸟的纠缠后，在树枝上自己肢解猎物进食。而雄鸟随即飞走继续觅食。无线电遥测研究显示，雄鸟在此期间对雏鸟并不提供直接的保护。待雏鸟离开繁殖区开始游荡以后，雄鸟停止回巢区供食。部分雄鸟也离开其领域，但有些雄鸟会一直生活在其领域中，直到秋季迁徙开始（$n = 5$）。如果赤腹鹰繁殖失败（例如其卵或雏鸟被天敌捕食），则成鸟会很快离开其巢区。

3. 赤腹鹰的"性二态"与繁殖期雌雄分工

对25只雄鸟和34只雌鸟的身体参数进行测量，结果显示，雌鸟的翅长、尾长、嘴峰长度等数据均显著大于雄鸟，仅跗跖长度雌雄鸟无显著差别（表7.1）。作为一种小型猛禽，赤腹鹰能否繁殖成功，与相关物种的影响密切相关。除了天敌对卵和雏鸟的捕食外，其他相关物种（如松鸦等）对雏鸟和卵的破坏也能够导致赤腹鹰繁殖失败（图7.1、图7.2）。对于赤腹鹰这样的小型猛禽来说，如何协调好巢防卫与觅食的关系就变得尤为重要。

表7.1　赤腹鹰雌雄鸟身体参数对比

		体重（g）	体长（mm）	翅长（mm）	尾长（mm）	喙长（mm）	跗跖（mm）
雄鸟	测量值	112.40±7.55	267.76±10.61	185.08±2.83	128.87±0.71	12.00±0.21	43.54±2.69
	样本量（n）	24	25	25	25	23	25
雌鸟	测量值	141.61±10.36	284.71±7.03	195.89±3.33	138.53±6.84	12.99±0.50	43.12±15.32
	样本量（n）	32	34	34	34	33	34
	雌鸟/雄鸟	1.26	1.06	1.06	1.07	1.08	0.99

红嘴蓝鹊破坏赤腹鹰卵　　　松鸦破坏赤腹鹰卵　　　噪鹛叼走赤腹鹰卵

图7.1　赤腹鹰卵被其他鸟类破坏

赤腹鹰雌鸟照顾雏鸟　　　松鸦来到鹰巢　　　松鸦杀死赤腹鹰雏鸟

图7.2　松鸦杀死赤腹鹰雏鸟

　　在繁殖期，赤腹鹰雌雄鸟的基本行为模式是：雌鸟主要承担孵卵和巢的防卫任务，绝大部分时间都是在巢区活动，即使偶尔离开巢，又很快回来。雄鸟则主要负责捕猎，在孵卵期给雌鸟递食，雌鸟进食时负责替孵；育雏期则将猎物交给雌鸟，再由雌鸟肢解猎物喂给雏鸟。雌雄鸟在繁殖活动中的分工与密切配合，对保证卵的成功孵化和雏鸟顺利成长具有重要意义。

第八章　赤腹鹰繁殖期食性

　　食物是保证猛禽生存和繁衍的重要条件，是其各种生命活动的能量来源。已有研究表明，不同种类的猛禽的食性（diet）存在着显著种间差异（Toyne，1998；Utekhina et al.，2000；Lobos et al.，2011；Martins et al.，2011），即使同一种猛禽的食性也会因地区、季节不同或生活史的不同阶段而发生变化（Tornberg & Colpaert，2001；Promessi et al.，2004；Lewis et al.，2006；Tornberg et al.，2009）。猛禽的食性组成一方面直接地反映了该物种的营养需求，另一方面也反映了其对特定觅食生境的选择特征（Storer，1966；Kenward & Widen，1989）。对猛禽食性开展研究，不仅可以了解有关物种的生态习性和营养需求，探讨其生境选择的机理，揭示其在生态系统中的地位与作用，也可为濒危猛禽的保护管理和"再引入"等工作提供强有力的支撑（Markham & Watts，2008；Kozie & Anderson，1991；Margalida et al.，2009；Margalida et al.，2009）。

　　繁殖期是猛禽生活史的重要阶段，也是猛禽一生中食物需求量最大的时期。在此期间，亲鸟捕获的猎物一方面要满足其自身的生存需要，同时还必须充分满足其雏鸟或离巢幼鸟的营养需求。作为猛禽生物学研究的一个重要方面，食性的研究一直受到鸟类学家的重视（Burton & Olsen，1997；Thorstrom，2000；Tornberg & Haapala，2013）。研究发现，猎物的物种组成及其数量的多寡，不仅影响到猛禽成鸟的生存，也对雏鸟的生长发育产生直接影响，甚至最终决定繁殖活动能否成功（Fernández，1993；Martínez & Calvo，2001；Nystrom et al.，2006；Swatridge et al.，2014）。

　　赤腹鹰是鹰形目鹰科的一种猛禽，因数量稀少被列为国家Ⅱ级重点保护野生动物。赤腹鹰主要繁殖于我国的南方地区和辽东半岛，国外繁殖于朝鲜半岛南部。秋季开始南迁，到我国华南地区及南亚、东南亚地区越冬（许维枢，1995；Ferguson-Lees & Christie，2001；赵正阶，2001）。目前有关赤腹鹰食性的研究主要是在朝鲜半岛开展的。在朝鲜半岛，赤腹鹰的主要食物是蛙类，此外还包括鸟类和昆虫等（Wolfe,1950; Won et al., 1966; Kwon & Won，1975；）。我国是赤腹鹰的主要分布区，迄今对其食性只有一些零散的描述和记录（赵正阶，2001；高玮，2002；李湘涛，2004），专项研究尚未开展。为此，2011—2012年在河南董寨国家级自然保护区对赤腹鹰繁殖期的食性进行了系统研究。主要目标是对赤腹鹰育雏期的食物组成、育雏期亲鸟喂食日节律、食性在育雏期不同阶段的变化进行深入研究。

一、基本研究方法

1.直接观察法

在繁殖季节，参考Penteriani（1999）和Tapia等人（2008）的鹰巢搜索技术，通过系统搜索的方式寻找赤腹鹰的繁殖巢。发现鹰巢后，提前搭建隐蔽处，给研究对象充分的适应时间。研究者躲避在猛禽巢附近的隐蔽处，观察和记录亲鸟带回的猎物种类和数量，同时记录其取食行为等多方面的信息。观察时充分考虑研究对象对干扰的应激反应强度，选择离巢位合适的距离，以降低人为干扰。

2.红外数码相机影像记录

在研究中，将红外监控数码相机安装在鹰巢附近进行全天候监控拍摄。在红外监控相机布设过程中，遵循以下原则：一是选用带有迷彩涂装的数码监控相机，用树枝叶适当伪装，尽量降低干扰；二是镜头焦点调在整巢的中心，以兼顾成鸟在巢的各个部位喂食时的拍摄效果；三是相机分辨率调至最大，以记录更多猎物细部特征，方便后期种类鉴定；四是选用16G的存储卡、使用定制电池供电，保证每次可以拍摄一星期以上时间和超过万张的数码监控照片；五是使用固定间隔延时拍摄，在记录赤腹鹰喂食行为时，兼有时间方面的统计意义。根据红外监控数码相机拍摄的影像，提取如下信息：（1）育雏期赤腹鹰猎物种类；（2）喂食行为发生时间；（3）赤腹鹰各育雏阶段的喂食频次。

3.猎物残骸分析

猎物残骸分析（Uneaten Prey Remains Analysis）是猛禽食性研究的一种常用方法。在猛禽的育雏期间，定期搜集巢及其附近区域的猎物残骸，包括进食剩下的猎物颅骨、胸骨、跗跖、爪、角及蹄壳以及被拔掉的毛发或羽毛等，借以确定猎物种类，并估算猎物的数量或出现频次。猎物残骸分析是种非常有用的调查手段，但存在明显的不足。猛禽进食的猎物是多种多样的，留下的残骸也千差万别。较大的残骸留存时间长，容易被发现；而较小猎物的骨骼消化率较高，小的骨骼残骸也更容易散落到巢材中或巢下而被忽略掉（Mollhagen et al.，1972；Snyder & Wiley，1976）。因此，用此方法对猛禽食物组成进行定量分析时，往往会出现一些偏差。就赤腹鹰而言，其猎物以蜥蜴类爬行动物和蝉等无脊椎动物为主，进食时全部吃掉，基本不留残骸，若用猎物残骸来分析其食性，结果会出现严重偏差，故本项研究不采用此方法。

4."食丸"分析

"食丸"分析（Regurgitated Pellet Analysis）是另一种常用的手段。对于很多种猛禽，其食物中未消化的骨骼、鳞片、毛发、羽毛、角质物和几丁质外骨骼等会在胃内被包裹成块状，而后被吐出，称为"食丸"。食丸分析可用于猛禽食性的定性和定量分析，且已被使用了百余年（Fisher，1893）。总体而言，食丸分析在研究鸮形目鸟类食性时更为可靠（Errington，1930；Glading et al.,1943）。鸮类倾向于将食物整个吞下或仅将其分解成大块即吞下，吞食前很少将毛发或羽毛拔除（Errington，1932；Duke et al.，1975）；鸮类对猎物骨骼的消化程度也比较轻微（Duke et al.，1975；Cummings et al.，1976）。因此，在鸮类的食丸中猎物残骸保留得较多且较完整，利于分类鉴定。但食丸分析法用于鹰形目和隼形目鸟类食性研究时误差比较大，原因在于这类猛禽在进食前往往将绝大多数羽毛拔除，分解成碎块后才吞下（Craighead & Craighead，1956；Cade，1982），而且鹰形目和隼形目猛禽对猎物各个部分的消化能力也都比较强（Duke et al.，1975；Cummings et al.，1976），显著加大了食丸中残骸的鉴定难度。

在野外研究过程中发现，赤腹鹰（包括雏鸟）很少吐食丸，这使得"食丸分析法"也不适用于本项研究。相比之下，使用监控数码相机拍摄可以全天候拍摄赤腹鹰的喂食情况，受其他偶然因素影响小，数据更为客观、系统，为定量分析其食性提供了很好的保证。

5.食性数据的分析

赤腹鹰的巢内育雏期为20.4d，雏鸟离巢后的第一个星期，亲鸟依然将食物带到巢中喂给雏鸟。在进行育雏期食性分析时，将选定的20巢的数据统一处理；在分析赤腹鹰巢内育雏期日供食节律时，将育雏期分为3个阶段，即育雏期前期、中期和后期。将雏鸟出壳后1～7日龄划为前期，8～14日龄定为中期，15～21日龄定为后期。选取各育雏阶段中间3d的数据来分析亲鸟的供食日节律。使用 Excel 2007 和 SPSS 20.0 处理分析相关数据，绘制图形。

二、繁殖期食物组成

对20巢赤腹鹰育雏期的食物照片进行了整理，合计347d，共记录到4 733次喂食行为，涵盖了其育雏期的各个阶段。其中，可根据监控照片对猎物进行分类的有2 719次（赤腹鹰育雏期食性监控拍摄情况见表8.1）。在赤腹鹰食物组成中，出现频次最高的是无脊椎动物，其次是爬行类、鸟类和两栖类，哺乳动物出现的频次最低（表8.2）。其中哺乳动物主要包括啮齿目（Rodentia）鼠科（Muridae）的一些鼠类（$n = 18$）；食虫目（Insectivora）鼩鼱科（Soricidae）的鼩鼱（Crocidura spp.）（$n = 5$）和鼹科（Talpidae）的缺齿鼹（$n = 2$）。赤腹鹰带回巢的鸟类猎物或者被拔光了羽毛，或者是刚出壳不久的雏鸟，从形态进行种类鉴定非常困难。在974个拍摄记录的爬行类猎物中，有812个记录可根据照片鉴定到种。其中蜥蜴科（66.62%）和石龙子科（32.89%）的种类占绝对优势，而壁虎和鳖的出现频次相对极低（表8.3）。在董寨保护区，赤腹鹰的食物中两栖类以蛙科（Ranidae）的黑斑侧褶蛙（Pelophylax nigromaculata）、中国林蛙为主，蟾蜍科的中华大蟾蜍仅有1次记录。赤腹鹰捕食的无脊椎动物中，有1 343个记录可以鉴定种类或其所属类群，出现频次最高的是同翅目（Homoptera）蝉科（Cicadidae）的蝉类，达1 209次。以鸣蝉（*Euterpnosia chinensis*）为主（96.53%），其次是蟪蛄（*Platypleura kaempferi*）（3.47%）。另外还有蜻蜓（*Aeshna* spp.）、螽斯（*Tettigonia* spp.）等（表8.4）。

表8.1　董寨保护区赤腹鹰育雏期食性监控拍摄情况

巢号	地点	雏鸟数	开始日期 （年-月-日）	拍摄终止日 （月-日）	天数	拍摄情况	繁殖结果
1101	鹭鸟繁殖区附近	3	2011-6-29	7-25	27	连续	成功
1102	荒田保护站	4	2011-6-30	7-21	22	连续	成功
1103	黄湾猪场附近	4	2011-7-6	7-26	17	中断4d	成功
1104	灵山镇派出所附近	3	2011-7-6	7-29	20	连续	成功
1105	灵山镇	4	2011-7-3	7-19	17	连续	失败
1201	白云站保护站	3	2012-7-1	7-16	16	连续	失败
1202	高家湾水塘附近	3	2012-6-23	7-9	15	连续	成功
1203	黄湾	4	2012-6-21	7-15	25	连续	成功
1301	鸡笼保护站	3	2013-7-13	7-23	11	连续	成功
1302	鸡笼保护站	4	2013-7-14	7-29	16	连续	成功
1303	两小湾村	3	2013-7-7	8-1	24	中断2d	成功
1304	前锋保护站	2	2013-7-7	7-26	20	连续	成功
1305	祁堂村	2	2013-7-4	7-19	16	连续	成功
1306	朱堂李园	3	2013-7-5	7-27	14	中断9d	成功
1307	朱堂天桥村	4	2013-7-2	8-2	15	中断17d	成功
1308	朱堂洗脂河	3	2013-7-2	7-22	21	连续	成功
1309	朱堂洗脂河	2	2013-7-7	7-15	9	连续	成功
1310	朱堂洗脂河	2	2013-7-14	7-28	14	中断1d	成功
1311	皮鄂夹沟	2	2013-6-23	7-8	11	中断5d	失败
1312	灵山黄家凹	4	2013-6-29	7-15	17	连续	失败

表8.2　董寨保护区赤腹鹰繁殖期的食物组成

类群	哺乳动物	鸟类	爬行类	两栖类	无脊椎动物	合计
频次	25	222	974	155	1 343	2 719
百分比（%）	0.92	8.17	35.82	5.70	49.39	100

表8.3　董寨保护区赤腹鹰繁殖期食物组成中爬行类成分

种类	北草蜥	丽斑麻蜥	蓝尾石龙子	蝘蜓	壁虎	鳖	合计
频次	531	10	154	113	3	1	812
百分比（%）	65.39	1.23	18.97	13.92	0.37	0.12	100

表8.4　董寨保护区赤腹鹰繁殖期食物组成中无脊椎动物成分

种类	蝉	蜻蜓	螽斯	其他	合计
频次	1 209	91	11	32	1 343
百分比（%）	90.02	6.78	0.82	2.38	100

三、亲鸟喂食日节律

1.雌雄亲鸟体型差异与供食行为的关系

雌鸟大于雄鸟的"反性别二态性"现象普遍存在于鹰形目和隼形目猛禽中。Earhart & Johnson（1970）还发现，无论是鹰形目、隼形目还是鸮形目鸟类，其两性异形的程度均与食物中脊椎动物所占比例相关（Earhart & Johnson，1970）。一些学者（Schipper，1973；Barnard，1984；Newton，1986）认为较大的雌鸟可以在育雏中、后期捕猎和携带更大的猎物，来满足雏鸟显著增长的食物需求。赤腹鹰雌鸟在体型上大于雄鸟（表7.1），但雌鸟体型上的优势并没有体现在捕猎和携带更大的猎物上。雌鸟在育雏期主要在巢区活动，主要是捕猎蝉等昆虫；赤腹鹰"反性别二态性"似乎没有明显的生态意义，但在研究中记录到有雄鸟试图破坏其他赤腹鹰巢中卵的行为。雌鸟较大的体型使其在驱赶其他巢雄鸟、保护自己的卵及雏鸟方面更有优势，同时，也更有利于防范其他天敌的侵害。

2.喂食行为日节律

赤腹鹰亲鸟喂食行为开始于早上5:00，19:00以后供食行为逐渐减少，20:00之后未记录到喂食行为，因此使用5:00—19:59的数据对赤腹鹰的日喂食节律进行统计分析。将符合条件的13巢39d的数据用于育雏期前期的分析；16巢37d的数据用于中期的分析；13巢37d的数据用于后期亲鸟供食节律分析。总体上，赤腹鹰的供食行为在一天之内比较平均，各个时间段的情况相差不大。喂食活动在早晚相对较多，中午略微减少，但差别不显著。

将育雏期分为3个阶段。在育雏期的前、中、后期，赤腹鹰在清晨5:00—7:00存在一个小的喂食高峰（图8.1a、图8.1b、图8.1c）。

一方面，这种活动节律与鸟类觅食活动的一般规律相符；天亮后，鸟类的觅食活动加强，搜寻区域较大，发现猎物的概率也随之增高。另一方面，清晨也是赤腹鹰的众多猎物的活动高峰，较为活跃的猎物更容易被发现和猎捕；在中午或午后，赤腹鹰的喂食活动减少。

在育雏期前期，赤腹鹰喂食行为的低谷出现在13:00（图8.1a）；在中期，低谷出现在14:00—15:00（图8.1b）；而在后期，12:00—13:00的喂食率较低（图8.1c）。

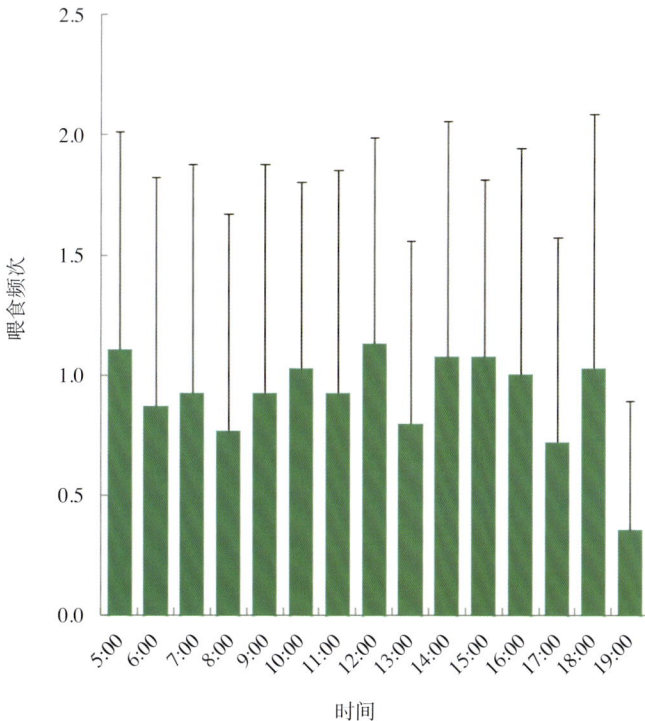

a

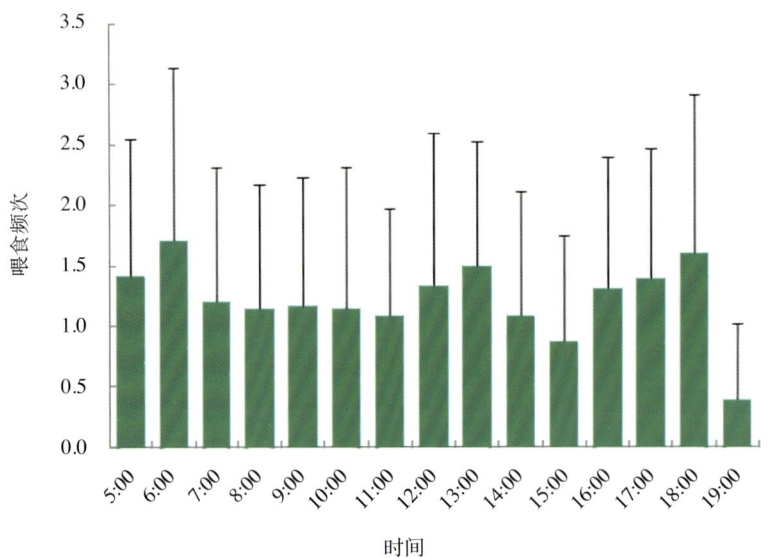

b

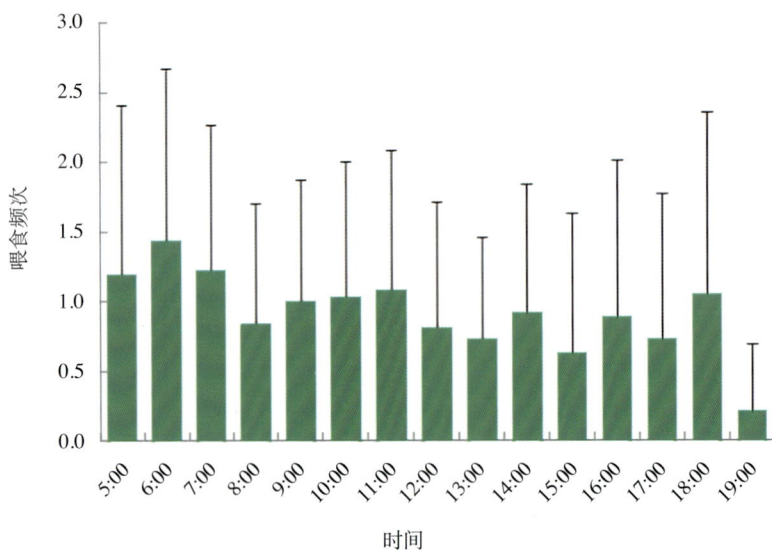

c

图8.1　育雏期亲鸟供食日节律

　　赤腹鹰傍晚的喂食活动在18:00前后有所增加。随后，供食行为明显减少，19:00以后完全停止。赤腹鹰的喂食状态及食物类型见图8.2～图8.8。

图8.2 食物——蝉

图8.3 食物——丽斑麻蜥

图8.4 食物——蜻蜓

图8.5 食物——北草蜥

图8.6 食物——小鸟和蝉

图8.7 食物——螽斯

图8.8 食物——老鼠

四、育雏期食物组成的变化

随着赤腹鹰雏鸟的发育，其对食物的需求逐渐增加。育雏期前期亲鸟供食率平均为9.67次/d（$n = 377$）；到中期时，达到18.19次/d（$n = 673$）；后期时为17.68次/d（$n = 654$），比中期略有下降。后期的猎物中无脊椎动物比例下降，而爬行类比例显著上升，雏鸟获得的总营养是增加的（图8.9）。

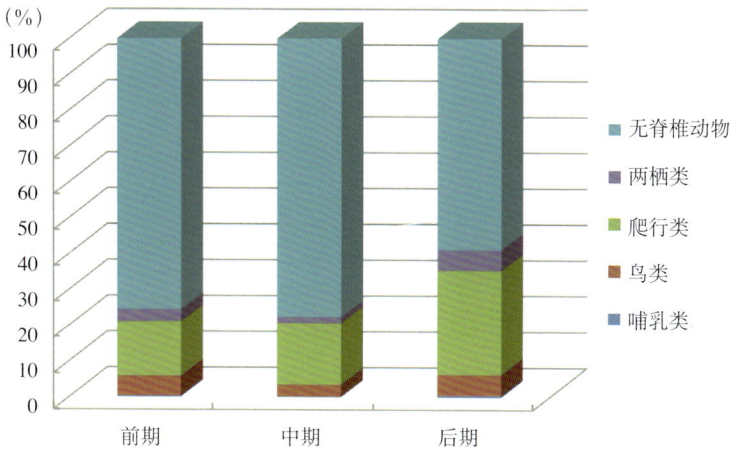

图8.9　不同育雏时期食物组成的变化

在赤腹鹰的猎物中，哺乳动物、鸟类、爬行动物和两栖动物主要是由雄鸟捕到后带回来的。对这部分猎物的日喂食量进行对比，结果显示赤腹鹰育雏期的不同阶段，对脊椎动物类食物的喂食量是持续增大的，爬行类的增加尤为显著；育雏后期，爬行类的日喂食量达到了前期的3.52倍之多。随着育雏过程的推进，哺乳类、鸟类和两栖爬行类猎物大幅度增加，反映了雄鸟在捕猎方面的投入呈现显著增加的趋势（图8.10）。

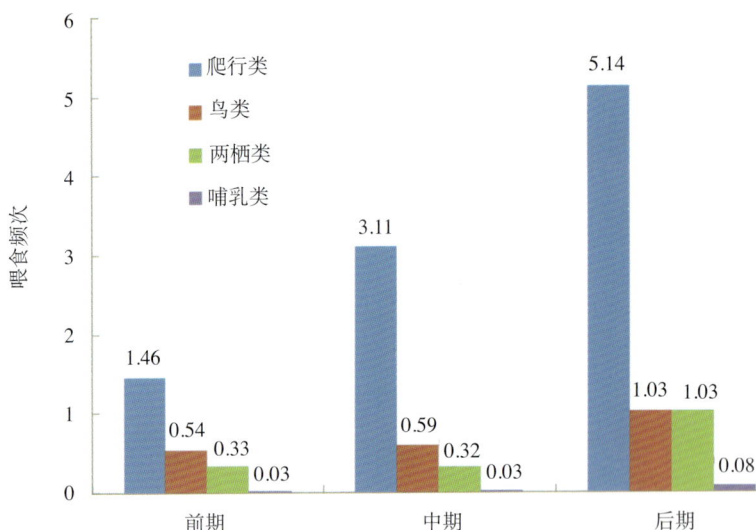

图 8.10　不同育雏阶段喂食脊椎动物猎物的频次变化

五、赤腹鹰繁殖期食性的地理差异

栖息于不同地域的同种猛禽的不同地理种群，其食性上可能会存在较显著的差异。在朝鲜半岛，赤腹鹰育雏的主要猎物是青蛙。Wolfe（1950）曾对 7 只赤腹鹰成鸟进行胃检，发现胃内的食物都是青蛙；他也观察到成鸟给雏鸟喂食青蛙的行为（Wolfe，1950）。在另一项研究中，Won 等（1966）报道蛙类占到赤腹鹰食物的 89.55%（Won et al.，1966）；Kwon 和 Won（1975）对 2 巢赤腹鹰的食性进行了研究，第一巢的食物为蛙类（86.54%）、鸟类（12.18%）和昆虫（1.28%），而另一巢的食物是蛙类（92.41%）和鸟类（7.59%）（Kwon & Won，1975）。

在董寨保护区，赤腹鹰在繁殖期的猎物包括哺乳动物（0.92%）、鸟类（8.16%）、爬行动物（35.82%）、两栖动物（5.70%）和无脊椎动物（49.39%），多样性较高。脊椎动物中爬行类所占比例最高，两栖类的比例很小。与在韩国的研究结果相比差异非常显著。可见，中韩两地栖息地类型的差别可能是赤腹鹰食性不同的重要原因。在韩国，赤腹鹰巢区周围存在大量水稻田等湿地

（Kwon & Won，1975），这类生境特别适于蛙类等两栖动物栖息，在这类栖息地中繁殖的赤腹鹰自然更多地利用这类猎物资源喂养其雏鸟。但董寨保护区位于浅山丘陵区，森林、灌丛、草地等自然植被与农田、茶园、居民点相间分布，水稻田的面积不大，天然湿地更少。这类生境为蜥蜴等爬行动物提供了良好栖息地，因此，在脊椎动物猎物中，爬行类比例远大于其他类群，而两栖类却很少。

第九章　赤腹鹰的子代性比

一、鸟类的性比

性比即性别比例，是种群中雄性个体和雌性个体数量的比值。性比是分析种群生存能力的基本参数，能够反映种群的生存现状和发展趋势（Hardy，2002）。在鸟类性比的研究中，由于难以捕捉到所有个体，直接进行性比的统计可行性低；而子代样本采集相对简单，且可以反映种群性比的发展趋势，因此目前一般进行的是子代性比的研究。子代性比分为初级性比和次级性比，初级性比是指受精卵中雄性和雌性数量的比例，而次级性比是指成活子代的雄雌比例（Hardy，2002）。

对于数量较少的物种，比如猛禽类，性比对种群延续的意义更加重大，因为畸形的性比会减少有效繁殖对的数量，加速种群的衰亡（Ferrer et al., 2009）。对于最近灭绝的鸟类如海滨沙鹀（*Ammospiza maritima*）的研究表明，由于经历了长年的种群数量下降和长期的近亲繁殖，最后仅剩的繁殖对都产下了单一性别的子代（Woolaver et al., 2013）。

1.性别分配理论

达尔文1871年提出了"两种性别数量比例"的概念，并注意到性比均等的现象，他认为这种现象是由自然选择来调控的，但没有提及其原理（Darwin，1871）。为了解释性比自然选择的原理，并预测繁殖资源在两性后代或两性功能中的最优分配模式，后来的研究者经过不断研究提出了性别分配理论，其中被最广泛接受的是Fisher（1930）的均等投资理论。该理论指出，在随机交配的大种群中，若亲本在生产雄雌后代的资源投入相等，那么后代两性比例接近1：1；若雄雌比例偏离1：1，那么相对较少的性别将占有优势，通过频率选择作用使两性比例最终趋于平衡（Fisher，1930）。之后的研究者对该理论进行了改进，提出若亲本抚育雄性和雌性的代价不相等，选择作用最终会使亲本对两种性别的总投入相等，而不是生产相同数量的雌雄后代（Charnov，1982）。然而，这些理论都建立在大种群及随机交配的理论假设之上，若假设不成立时，进化上稳定的性别分配比例将发生变化，亲本会评估资源竞争、配偶竞争、地位竞争的强弱，调整后代的性别比例。若环境及生理条件好、竞争压力低，亲本会偏好生殖代价大的性别而提高子代的适合度；竞争压力大时亲本则会偏好生殖代价低的性别来减少竞争（Trivets & Willard，1973；Olsen & Cockbum，1991；Hardy，2002）。

2.影响鸟类性比偏向的主要因素

许多研究已表明，亲鸟在一定情况下可以调整子代的性比，这种调整可能发生在两个阶段：第一个阶段是在产卵期（称为第一次性比调整），亲鸟可能会通过产下性别偏移的卵来调整性比；第二个阶段是在育雏期（称为第二次性比调整），亲鸟可能预测到雌雄后代的死亡率从而调整性比（Komdeur et al.，1997；Kilner，1998；Trnka et al.，2012）。另外，一些生态学因素和统计学因素可能也会造成性比的偏倚，这些因素包括繁殖时间、窝卵数、卵重、产卵顺序、出雏顺序、亲鸟质量、合作繁殖等。

（1）繁殖时间

研究发现，繁殖季节的不同可能使子代性比产生一定的偏移。在一些较晚繁殖的鸟类中，随着繁殖时间的推移，子代性比似乎更多地偏向于体型较小的性别。例如，Howe（1977）等发现普通拟八哥（*Quiscalus quiscula*）后代中体型较大的雄性比例逐渐降低（Howe,1977）；Zijlstra（1992）在对白头鹞（*Circus aeruginosus*）的研究中也发现了类似的现象，雌性后代（体型较大的性别）的比例随繁殖期推移有降低的趋势（Zijlstra et al.，1992）。这种变化可能与食物资源丰富度的变化有关，繁殖开始较晚的鸟类所能获取到的食物逐渐减少，从而导致个体大的性别死亡率更高。Appleby（1997）的研究支持了该观点，他发现灰林鸮（*Strix aluco*）子代性比与栖息地田鼠的密度息息相关，随着田鼠密度的升高，个体较大的雌性后代比例也会相应提高（Appleby，1997）。但是，也有一些繁殖期较晚的鸟类，例如美洲隼（*Falco sparverius paulus*）和红隼，它们子代性比随繁殖时间的延后则是偏向体型大的性别（Smallwood & Smallwood，1998；Korpimaki et al.，2000）。

（2）窝卵数和卵重

研究表明，子代性比会受到窝卵数及卵重的影响。Wegge（1980）就发现了窝卵数与巢水平初级性比有关（Wegge，1980）。Wu（2010）等证实，在红隼中，随着窝卵数的增大，成活子代中雄性（成鸟体型较小的性别）的比例随之升高，且雄性的卵重比雌性明显更大（Wu et al.，2010）。Cordero（2001）等也发现纯色椋鸟（*Sturnus unicolor*）雌性（成鸟体型较小的性别）的卵明显大于雄性（Cordero et al.，2001）。支持这一观点的还有Magrath（2003）等的研究，他们在对褐鹨莺（*Cincloramphus cruralis*）（雄性成鸟体型是雌性2倍）的研究中也发现，雌性的卵更重且出生时体型大于雄性，他们认为体型较小的性别被分配到较大的卵中，可以较好地发育，并在育雏期的时候拥有足够的竞争食物的能力（Magrath et al.，2003）。

（3）产卵顺序和出雏顺序

有研究表明，亲鸟能通过产卵顺序及出雏顺序调整子代性比，而研究人员在不同的物种中也发现了不同的偏向。Velando（2002）发现欧鸬鹚（*Phalacrocorax aristotelis*）产下的第一枚卵孵出雄性的概率显著高于雌性，第二枚雌性比例显著更高，第三枚也存在不显著的雄性偏向（Velando et al.，2002）。在对红嘴鸥（*Chroicocephalus ridibundus*）的研究中，Muller（2005）等发现，根据产卵顺序的不同，第一枚产下的卵偏雄性而最后一枚卵偏雌性（Muller et al.，2005）；Ležalová（2005）等统计其出雏顺序后发现，先孵出的雏鸟雄性居多，最后孵出的多为雌性（Ležalová et al.，2005）。此外，雪雁（*Anser caerulescens*）、美洲家朱雀（*Haemorhous mexicanus*）、蓝山雀（*Parus caeruleus*）、褐鹨莺等许多鸟类物种也都发现了类似的现象（Ankney，1982；Alexander et al.，2002；Magrath et al.，2003；Cichon et al.， 2003）。

（4）亲鸟质量

亲鸟质量也是影响子代性比的因素之一。研究者在一些鸟类中发现雄性亲本的质量与后代中雄性子代的比例呈正相关，例如，雄性白领姬鹟（*Ficedula albicollis*）额头上的白斑是影响雌性择偶的因素之一，白斑越大，后代中雄性比例越高（Ellegren，1996）；大山雀和蓝山雀跗跖长短与健壮程度和捕食能力相关，雄性亲本跗跖越长，后代中雄性数量越多（Mathias et al.，1999；Dreiss et al.，2006）。雌性亲本的年龄、繁殖经验也会影响子代性比。Blank（1983）发现，在年龄大的红翅黑鹂（*Agelaius phoeniceus*）雌鸟繁殖的后代中，雄性比例明显大于雌性，而年龄较小的雌鸟所哺育的后代性比无明显偏向（Blank & Nolan，1983）。Heg（2000）等发现蛎鹬（*Haematopus ostralegus*）后代雄性比例也随母亲年龄增加而增加，且母亲的繁殖经验明显影响了子代性比（Heg et al.，2000）。此外，雌性亲本体内的睾酮水平也是影响子代性比的因素之一（Linda & Hubert，2002；Rutkowska & Cichon，2006）。

（5）合作繁殖

有4%～9%的鸟类物种中存在合作繁殖的现象，在一些情况下，帮手是先出生的后代且通常是某一种特定的性别，它们离巢后并不扩散，而是留在出生地帮助父母抚育未来的弟弟妹妹（Koenig & Dickinson，2004）。Ashleigh（2005）认为，如果帮手能够给父母带来较大的助益，那么亲鸟就会通过调整后代的性比（增加帮手的性别所占比例）以扩大这种助益（Ashleigh et al.,2005）。许多研究支持了该观点，例如，帮手为雄性的群织雀（*Philetairus socius*）和小嘴乌鸦（*Corvus corone*）在缺少帮手时都会产下更多的雄性（Claire et al.,2004；Daniela et al.,2012）。然而，当食物资源是限制因素时，由于帮手会占用一部分资源，对亲鸟哺育后代是不利的，因此亲鸟会相应减少后代中帮手性别的比例。例如Komdeur（1997）就发现塞岛苇莺（*Acrocephalus sechellensis*）在资源丰富时雌性（帮手的性别）的比例为87%，而资源匮乏时该比例则下降到23%（Komdeur et al.,1997）。

3.猛禽的反性别二态性及性比研究现状

在绝大多数鸟类中，雄性必须通过竞争来获得雌性的青睐，这种选择促使雄性变得强壮，因此造成雄性个体的体型大于雌性（Darwin，1871）。然而也有少数鸟类物种与此相反，表现出反性别二态性（Reversed Sexual Size Dimorphism；RSSD），即雄性个体的体型小于雌性。这种RSSD现象主要发生在鹰形目、隼形目、鸮形目和鸻形目（Charadriiformes）鸟类中，而其中鹰形目、隼形目和鸮形目都属猛禽类群（Paton et al., 1994）。大多数鸮形目猛禽表现出了RSSD，而几乎所有的鹰形目、隼形目猛禽都表现出不同程度的RSSD，其中二态性最大的物种雄性体型仅略多于雌性的一半（Ferguson-Lees & Christie，2001；Krüger，2005）。

为了解释这种RSSD现象，研究人员提出了超过20种假说，主要可以分为3类，即生态学假说（Ecological hypotheses）、角色差别假说（Role-differentiation hypotheses）及行为学假说（Behavioral hypotheses）。

生态学假说认为，性别二态性减少了性别间的竞争，具有进化选择的优势（Temeles，1985），该假说的弱点在于并未预测雄性还是雌性会成为更大的性别。

角色差别假说包括两种可能，一种是雌性增大假说（large-female hypothesis），即在选择作用下，雌性体型会变大来生产和/或保护更大的卵，或者是提高孵化的效率；另一种是雄性变小假说（small-male hypothesis），即雄性体型变小而提高灵敏度，从而可以更高效地捕食或进行领域的防御（Massemin et al., 2000）。

行为学假说提出，雌性体型变大是为了操控雄性以维持配对关系并提高雄性对食物的供给（Mueller，1986），或者是雌性与雌性竞争雄性（Olsen & Cockburn，1993）。

对于猛禽的RSSD，几种假说中的角色差别假说似乎被更广泛地接受。Tornberg（1999）研究了苍鹰的258个博物馆样本（采自1961—1997年），发现自20世纪60年代以来雄性苍鹰的体型趋于减小而雌性的体型趋于增大，认为这种改变是栖息地可获得食物的变化引发的自然选择（Tornberg et al., 1999）。Krüger（2005）对鹰形目、隼形目和鸮形目数百个物种的RSSD进行了统计研究，也得到了相似结果，认为猛禽RSSD的进化更符合角色差别假说（Krüger，2005）。

近年来对于猛禽性比的研究得到了不同的结果，然而，在反性别二态

（RSSD）的物种中，性比似乎普遍有偏向雌性的趋势，如 Olsen & Cockburn（1991）统计了一部分 RSSD 猛禽的子代性比结果，发现将近 3/4 的物种显示出不同程度的雌性偏向（Olsen & Cockburn，1991）。Trivets & Willard（1973）认为，在单配制鸟类中，若环境和生理条件良好，亲本会偏好抚育体型或价值更大的性别，从而将这种好的条件更充分地传递给下一代（Trivets & Willard，1973）。许多研究也支持了这个理论，如 Whittingham 等（2000）等证明双色树燕（*Tachycineta bicolor*）在条件好的情况下会产下更多的雄性（体型较大的性别）（Whittingham & Dunn，2000）；Hallgrimsson（2011）等也在紫滨鹬（*Calidris maritima*）中发现了雄性（体型较大的性别）偏向（Hallgrimsson et al., 2011）；而 Kalmbach（2001）等发现大贼鸥（*Catharacta skua*）在环境条件差的情况下会大量生产体型较小而易养活的性别（Kalmbach，2001）。因此，Trivets & Willard 的理论或许可以解释 RSSD 猛禽中普遍存在的雌性偏好。

二、赤腹鹰性比的研究方法

通过对董寨保护区赤腹鹰种群子代进行性别鉴定，验证该种群性比是否偏离 0.5，比较初级/次级性比之间的差异，并分析影响性比的潜在因素，从而对该赤腹鹰种群的发展潜力进行评估，为赤腹鹰的保护提供科学依据和理论基础。

野外观察发现，赤腹鹰雏鸟性别很难从形态特征上辨别，但雌雄成鸟具有明显的形态差别，雄鸟虹膜黑褐色而雌鸟呈黄色，且雌雄成鸟体型具有反性别二态性。因此，雏鸟性别通过检测性别特异的 CHD1 基因法进行鉴定（CHD1 是性染色体上的基因，包含两个等位基因 CHD1-W 和 CHD1-Z，其外显子片段大小相同，但其内含子片段大小不同，因此 CHD1-W 和 CHD1-Z 的扩增产物大小不同，分别约为 450 bp 和 650 bp，二者之间相差约 200 bp。雄鸟染色体为 ZZ 型，只能扩增到 CHD1-Z 片段，反映在电泳结果上只有 1 个条带；雌鸟染色体为 ZW 型，可以扩增到 CHD1-Z 和 CHD1-W 两个等位基因，反映在凝胶电泳上有 2 个条带。因此可根据电泳结果区分雄性和雌性）。通过形态观测与分子生物学鉴定结果的比对印证，准确率达到 100%。

窝卵全部孵出并采到样本的巢用于统计初级性比（不论是否最终繁殖成功）；繁殖成功且采到离巢子代样本的巢用于统计次级性比。所有性比数据均以雄性子代所占比例表示（例如，雌雄性比为1∶1，以雄性占比0.5表示）。

此外，为分析性比的潜在影响因素，还测量了赤腹鹰的10个体征指标，包括体重、体长、翅长、尾长、喙长、喙宽、全头长、跗跖长、跗跖长径和跗跖短径。

检验性比是否偏离0.5采用二项分布检验（种群水平）或Wilcoxon-signed-ranks检验（巢水平）；分析初级和次级性比之间的差异采用Wilcoxon-signed-ranks检验；分析窝卵数与初级/次级性比之间的关系采用Kruskal-Wallis H检验；雌雄赤腹鹰体征指标的对比采用独立样本t检验（对正态分布数据）或Mann-Whitney U检验（对非正态分布数据）；最后，分析成鸟体征对初级/次级性比的影响采用一般线性模型。$P \leqslant 0.05$表示具有显著性；$0.05 < P < 0.1$表示具有影响的趋势。

三、董寨地区赤腹鹰子代性比

1.种群水平和巢水平的性比偏离

通过对董寨保护区93巢252个子代的性别鉴定，其中59巢185子代样本与窝卵数一致，可以用于统计初级性比；84巢219子代样本与成活子代一致，可用于统计次级性比，详见表9.1。

在种群水平上，以雄性所占比例表示性比，整体初级和次级性比分别为0.459和0.452；每年的初级和次级性比分别为0.300～0.595和0.273～0.589。整体及4年（2008、2009、2010、2012年）的初级性比偏向雌性，另两年（2011和2013年）偏向雄性，但均未显著偏离0.5，仅2010年和2012年显示了偏离的趋势；整体及3年（2009、2010、2012年）的次级性比偏向雌性，其他3年（2008、2011、2013年）偏向雄性，其中2012年显著偏离0.5，2010年显示了偏离的趋势。将初级和次级性比对比后显示，虽然二者始终有所差异，但均未达到统计学的显著水平（表9.1）。

表9.1 赤腹鹰子代性比以及初级、次级性比之间的对比

年份	初级／次级	巢数量（个）	雄性数量（只）	雌性数量（只）	性比	P^*	P^{**}
2008	初级	6	10	11	0.476	1.000	1.000
	次级	7	12	11	0.522	1.000	
2009	初级	4	3	7	0.300	0.344	0.317
	次级	8	7	11	0.389	0.481	
2010	初级	11	13	24	0.351	0.099	0.400
	次级	15	16	28	0.364	0.096	
2011	初级	11	22	15	0.595	0.324	0.952
	次级	13	19	15	0.559	0.608	
2012	初级	10	10	20	0.333	0.099	0.400
	次级	17	12	32	0.273	0.004	
2013	初级	17	27	23	0.540	0.672	0.341
	次级	24	33	23	0.589	0.229	
整体	初级	59	85	100	0.459	0.303	0.469
	次级	84	99	120	0.452	0.176	

* 检验性比是否偏离0.5，采用二项分布检验

** 检验初级和次级性比之间的差异，采用 Wilcoxon-Signed-Ranks 检验

在巢水平上，初级和次级性比分别为0.458±0.229（Wilconxion-Sighed-Ranks Test，$Z=-1.345$，$P=0.179$）和0.462±0.315（Wilconxion-Sighed-Ranks Test，$Z=-1.540$，$P=0.124$），均未显著偏离0.5。

赤腹鹰整体上的初级性比和次级性比均未显著偏离0.5，但都有一定程度的雌性偏好，这符合在RSSD猛禽研究中发现的雌性偏好的趋势（Olsen & Cockbum，1991）。这种雌性偏好可能表明亲鸟在繁殖期拥有比较优良的生理条

件，并且/或者没有其他明显的环境压力促使亲鸟将子代分配至低投入的性别。在研究期内，没有迹象表明亲鸟处于亚健康状况或经受了食物短缺的压力，这也加强了上述结论的可靠性。

2012年的次级性比显著偏向雌性，而当年的初级性比并未表现出显著偏向，这表明该年雄性雏鸟死亡率高于雌性而使得雄性子代比例降低。在猛禽中存在一个普遍的现象，巢中最小的雏鸟会受到较大雏鸟的竞争或侵害而被选择性地消除（Bortolotti，1986）。这说明，巢内竞争可能是造成上述状况的潜在原因。然而，2012年繁殖失败的巢（11/29），失败原因分别为天敌捕食（$n=10$）和无精卵的存在（$n=1$），且研究期内未监控到明显的巢内竞争。因此，推测天敌捕食是最可能造成雄性子代死亡率更高的原因，且该年的性比显著偏离0.5很可能是偶然的现象。

初级性比有4年偏好雌性、2年偏好雄性，次级性比偏雌（3年）和偏雄（3年）年数相同，随年份不同，初级和次级性比都呈现出了波动性的改变。这说明每年的性比并没有固定偏好某种性别，并且这种不固定的偏好并非一种偶然现象。在一个种群中，若性比严重偏向某种性别，数量多的性别会面临更强的配偶竞争，这种增强的竞争可能就是一种信号，促使亲本偏向生产数量少的性别的后代，而这种动态的偏雄或偏雌，保证了整体上种群性比的平衡。

初级性比和次级性比之间没有发现显著差异。推测可能表明在育雏期亲鸟没有明显地调整性比，或者进行了显著的调整但最终目的是使性比趋向与初级性比相一致。对于赤腹鹰性比的影响因素，还需要进行更深入的研究，以探索其性比的调整机制。

2.窝卵数与性比的关系

从图9.1中可以看出，随着窝卵数从2增长到4，初级性比微弱提高，次级性比先升后降。然而分析表明，窝卵数与初级性比（$P=0.863$）或次级性比（$P=0.696$）之间没有显著关联。这意味着，赤腹鹰窝卵数并未显著影响巢水平的初级或次级性比。

初级性比

次级性比

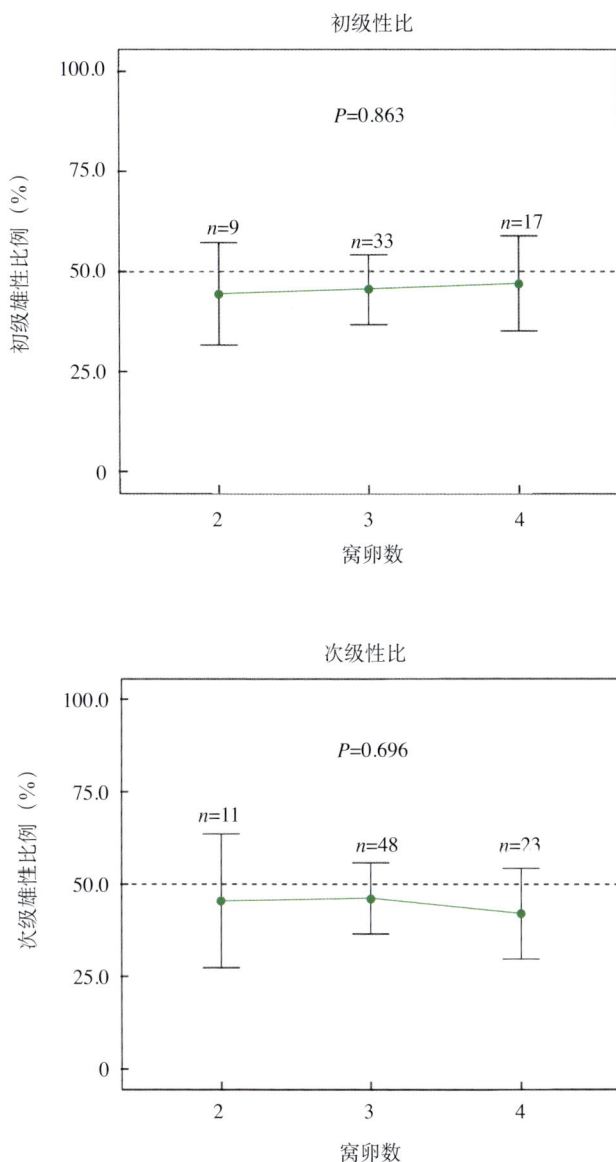

图9.1 窝卵数对初级性比和次级性比的影响

3. 成鸟体征指标与性比的关系

如表9.2所示，雄性赤腹鹰在所测的全部10项指标中都小于雌性，其中8项具有统计学显著性，表现出反性别二态性。体重是差异最大的指标，雄性平均仅为雌性的78.3%，且雌雄之间几乎没有重叠；雄性的体长、翅长、尾长、喙长、全头长、跗跖短径和跗跖长径都显著小于雌性；雌雄跗跖长显示了差异的趋势，但并不显著；雌雄之间喙宽没有显著差异。

尽管跗跖长显示了差异的趋势，但雄性的喙和跗跖尺寸与雌性还比较相似，这些形态对赤腹鹰而言意义重大。更小更轻意味着雄性在森林中拥有更好的灵活性，相似的喙宽和跗跖长又保证了足够的捕食能力，这使雄性成为比雌性更加高效的猎手。而对于雌性而言，更大的体型有利于产卵和育雏，使其拥有足够的能力应对不利环境并保护后代。

表9.2　雌雄成鸟体征及其差异

体征指标	雄性（$n=26$）	雌性（$n=47$）	P
体重（g）	114.1±6.8（101.2～124.5）	145.7±12.5（121.6～178.7）	0.000[*]
体长（mm）	267.3±11.1（239～287）	283.2±10.0（260～304）	0.000[*]
翅长（mm）	185.8±3.9（179～195）	194.9±5.4（184～209）	0.000[*]
尾长（mm）	131.7±8.1（115～144）	143.6±6.8（127～156）	0.000[*]
喙长（mm）	12.25±0.59（11.49～14.18）	13.18±0.55（12.02～14.60）	0.000[**]
喙宽（mm）	7.83±1.02（6.74～10.09）	7.99±0.75（6.95～10.87）	0.132[**]
全头长（mm）	43.53±1.61（39.73～45.42）	45.11±0.91（43.34～47.73）	0.000[**]
跗跖长（mm）	43.81±1.20（41.31～45.88）	44.61±1.76（41.87～52.44）	0.055[**]
跗跖长径（mm）	3.13±0.23（2.79～3.72）	3.56±0.26（3.02～4.50）	0.000[**]
跗跖短径（mm）	4.51±0.36（3.66～5.00）	4.88±0.49（3.98～5.81）	0.022[*]

[*] 正态分布样本，独立样本t检验

[**] 非正态分布样本，Mann-Whitney U检验

然而，在对赤腹鹰性比影响因素的研究中，以上全部10个体征指标都没有显著影响初级或次级性比，仅雌性体长这一因素对初级性比存在可能影响的趋势，详见表9.3。

表9.3　雌雄成鸟体征指标对子代性比影响的*P*值（一般线性模型）

体征指标[a]	初级性比		次级性比	
	雄性（*n*=13）	雌性（*n*=20）	雄性（*n*=17）	雌性（*n*=30）
体重	1.000	0.714	0.851	0.578
体长	0.773	0.058	0.554	0.880
翅长	0.259	0.684	0.137	0.848
尾长	0.935	0.927	0.807	0.901
喙长	0.354	1.000	0.273	1.000
喙宽	1.000	1.000	1.000	1.000
全头长	1.000	0.731	1.000	0.542
跗跖长	1.000	1.000	0.273	0.308
跗跖长径	0.958	1.000	0.546	0.686
跗跖短径	1.000	1.000	1.000	0.534

董寨地区赤腹鹰种群初级性比及次级性比均未显著偏离0.5，这是个积极的信号，意味着该种群目前正处于健康的状态。然而，由于分子数据的缺乏，暂无法评估该种群的近亲交配程度。此外，由于遗传多样性水平偏低，该种群的稳定性和发展潜力不容乐观。因此判断，董寨地区的赤腹鹰种群虽然尚未面临生存危机，但出现危机的风险却真实存在且不容忽视。

后续研究需要对该种群遗传多样性和性比进行持续监控，以掌握其发展趋势，从而为保护赤腹鹰提供详尽的理论依据。与此同时，还应当加强董寨地区生境的保护，维持赤腹鹰栖息地的生物多样性水平，并尽量减少人为干扰和环境污染对其造成的不利影响。此外，制定完善的保护制度也势在必行，通过行政法规指导物种保护，从而在危机发生时采取及时、适当的措施，对种群进行有效保护。

第十章　赤腹鹰的遗传多样性

遗传多样性是生物多样性在基因层次上的表现形式，指物种或种群内遗传变异的总和，广义的遗传多样性指的是地球上所有生物遗传信息的集合，狭义的遗传多样性则是指种内或群体内遗传变异的总和（田兴军，2005）。目前所进行的遗传多样性研究通常针对的是一定范围内的某个或某些物种，其研究尺度较小，因此通常所指遗传多样性一般是狭义的遗传多样性。

遗传多样性是评判物种能否长期生存的参数之一，与物种的生存能力、适应能力和进化潜力密切相关（David，1998）。Grant（1998）认为，物种的进化潜力及抵御不利环境的能力取决于遗传多样性水平的高低，高的遗传变异可以提高有益变异的概率，从而增强物种对环境的适应能力；而低水平的遗传多样性会对种群造成不利影响，使其更容易面临灭绝的风险（Grant & Bailey，1998）。

对小型种群而言，这个指标显得更加重要。当种群中个体较少时，遗传漂变*现象更加严重，这使得种群的遗传多样性水平逐渐降低，从而导致其更难以适应环境，面临更强的生存压力（Primack，1997；Frankham & Briscoe，2002）。因此，进行遗传多样性分析可以揭示种群的生存能力和进化潜力，并为保护为数不多的有利变异提供理论依据（Wenzel et al.，2012）。

---

*遗传漂变：在小的群体中，由于不同基因型个体生育的子代数量变动，导致基因频率的随机波动，出现某些/个等位基因占比增加、而另外某些/个等位基因占比减少甚至消失。

一、遗传多样性的研究方法

　　根据遗传多样性的不同表现形式，通常可以从形态学多态性、细胞—染色体多态性、蛋白质多态性及DNA多态性4个不同水平对遗传多样性进行研究。形态学多态性指的是可见的个体间表型性状如生理代谢、外貌特征、生长发育、行为习性及地理分布等的差异程度，该方法只能对多样性进行初步的探讨；细胞—染色体多态性指显微镜下可见的细胞或染色体的结构差异，包括染色体数目、形态结构、着丝点位置、臂比值等，由于染色体进化保守，该方法通常适用于遗传距离较远的物种间多样性的比较；蛋白质多态性是在氨基酸测序和酶电泳技术上发展起来的，指的是蛋白质结构功能的差异；DNA多态性指生物最基本的遗传物质DNA序列上碱基的构成和排列的差异。虽然形态特征、细胞—染色体、蛋白质这3个水平都可以表现出一定的遗传多样性，但是它们本质上都是来源于DNA水平上的变异，而DNA多态性可以更加直观地反映物种的遗传多样性水平。

　　在赤腹鹰遗传多样性的研究中，使用了线粒体DNA。线粒体DNA（Mitochondrial DNA；mtDNA）指真核细胞的线粒体中分子量较小且易纯化的复制单位，是研究DNA结构及多样性的良好模型（Brown, 1983; Thomas & Allan, 1993; Wenink et al., 1994; Lee & Kocher, 1995；Gares, 1998; Moum & Arnason, 2001；Anne & Theresa, 2004）。脊椎动物mtDNA是共价闭合的环状双链DNA，包含重链（H链）与轻链（L链），可自我复制，严格遵循母系遗传且不发生重组；其平均长度为16 kb，共编码了22个tRNA、2个rRNA和13个疏水性多肽，其中ND6和6个tRNA（Ala、Asn、Cys、Glu、Gln、Tyr）由轻链编码，其余由重链编码；各基因排列紧密，所有基因都不含内含子，除控制区外整个基因组都有编码功能（Lee & Kocher, 1995；Gares, 1998）。mtDNA的长度和结构都非常保守，但一级结构却进化活跃，平均进化速率比核DNA快5～10倍（Watson et al., 1992）。mtDNA内部不同区域的进化速率也存在差异，其中控制区基因进化最快，相比其他区域平均快3～5倍（Watson, 1992; Whitfield et al., 2006）。线粒体控制区快速地进化，从而使其在不同个体间具有高度的多态性，因此该区域被广泛用于种内或群体内遗传多样性的研究（Wiemeyer et al., 1978; Watson, 2010）。

1.活体样本采集

自2008年起，对董寨保护区（114°18′～114°30′E，31°28′—32°09′N；海拔100～840m）赤腹鹰种群的研究持续了多个完整繁殖季。根据赤腹鹰的繁殖习性，从每年5月下旬开始寻找赤腹鹰的自然巢，搜寻的范围主要是村庄、农田、水塘等附近的板栗、加拿大杨（*Populus × Canadensis*）、枫杨等。发现赤腹鹰巢后，使用望远镜观察以判断是新巢还是往年的旧巢，并观测是否有赤腹鹰的活动痕迹。为了降低对繁殖巢的人为影响，捕捉、测量、采样及环志工作在育雏后期（雏鸟10～18日龄）进行，从翅下肱静脉采集赤腹鹰血液样本，注入预装85%酒精的冻存管−20℃保存。

2.线粒体DNA基因组提取及测序

提取线粒体DNA基因组（图10.1）后，对其控制区片段使用引物L16064/H15426进行PCR扩增（Kumar et al.，2004）。引物序列为

L16064（5′-TTGGTCTTGTAAACCAAAGA- 3′）

H15426（5′-CACCAAAGAGCAAGTTGTGC- 3′）。

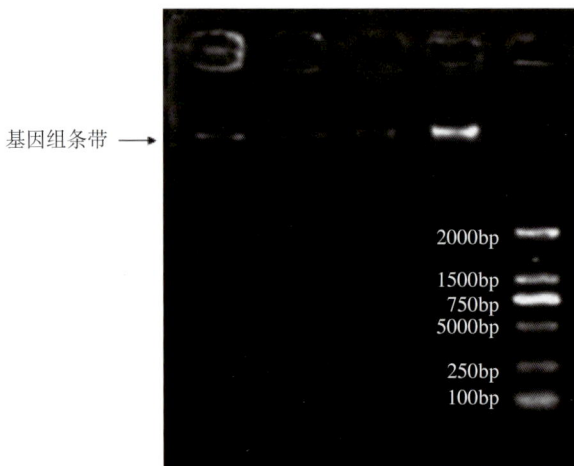

基因组条带 →

2000bp
1500bp
750bp
5000bp
250bp
100bp

图10.1　赤腹鹰线粒体DNA基因组电泳图

通过对117个赤腹鹰样本线粒体DNA部分控制区进行PCR扩增并测序（图10.2），除去所得序列前后信号较差及不能识别的碱基，最终得到429 bp控制区序列（图10.3）。

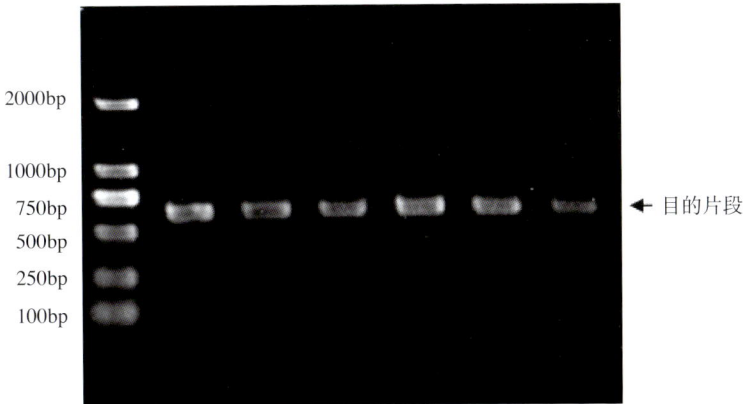

图10.2 赤腹鹰线粒体DNA控制区电泳图

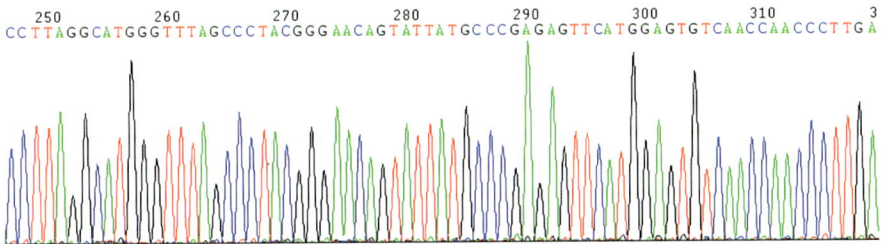

图10.3 赤腹鹰mtDNA控制区测序峰值图

3. 数据处理及分析

用Chromas软件查看测序质量，以确保序列信息的准确性。使用MEGA 5.0软件（Felsenstein，1985）中的Clustal W进行序列对齐，删除序列3′端和5′端信号较弱或者不能正确判读的碱基，最后将所得序列在NCBI上进行blast检索以确定是否为目标序列。

使用MEGA 5.0分析序列碱基组成、变异位点、单倍型及单倍型间的遗传距离（基于Kimura 2-p模型），并采用邻接法（Neighbor Joining，NJ）和最大简约法（Maximum Parsimony，MP）分别构建单倍型系统发生树，通过1 000次重复检验步长值（Bootstrap value）来估算各节点置信度的支持率（Rozas et al., 2003）。

使用DnaSP 4.10软件包（Schneider & Excoffier, 1999）计算核苷酸多样性（Nucleotide diversity, π）、单倍型多样性（Haplotype diversity, h）、平均核苷酸差异数（Average number of nucleotide differences, K）。

最后，借助Arlequin软件（Fridolfsson & Ellegren, 1999）进行中性检验，并绘制错配分布图（Mismatch Distribution）以检验董寨区域的赤腹鹰种群是否符合急速扩张模型（Sudden Expansion Model）。

二、赤腹鹰线粒体DNA遗传多样性

1.碱基组成

所得线粒体DNA序列中，4种碱基T、C、A、G的平均含量分别为27.0%、17.5%、32.1%、23.4%，其中A含量最高，C含量最低；A+T含量为59.1%，G＋C含量40.9%；第一、第二位点碱基含量与总含量规律一致，均为A＞T＞G＞C，第三位点G多于T，含量A＞G＞T＞C，详见表10.1。

表10.1 赤腹鹰mtDNA控制区序列碱基含量表

位点	位点数量	T（%）	C（%）	A（%）	G（%）
第一位点	143	28.7	16.1	36.0	19.2
第二位点	143	26.6	19.6	30.0	23.8
第三位点	143	25.9	16.8	30.1	27.3
总计	429	27.0	17.5	32.1	23.4

2.多态位点

在DNA序列中，未发生变异的位点称为保守位点；发生了变异的位点称为变异位点；只发生了一种变异且频率仅有一次的位点称为单核苷酸变异位点，简称单变异位点；发生一种或一种以上变异且频率大于一次的位点称为简约信息位点。碱基转换现象指嘌呤置换成嘌呤或嘧啶置换成嘧啶；碱基颠换现象指嘌呤置换成嘧啶或嘧啶置换成嘌呤。

　　在研究中所取得的429bp基因序列中未发现缺失位点，其中保守位点415个、变异位点14个，变异位点占总位点数的3.26%。在所有变异位点中，单变异位点6个，位点序号分别为：23、40、247、251、272、318；简约信息位点8个，位点序号为：24、104、164、267、273、316、356、368。碱基转换现象出现在位点40、104、164、251、272、273、316、318、368（A/G）及247、267、356（C/T）；碱基颠换现象出现在位点24（A/T），23（A/C）；碱基转换为主要变异方式，占所有变异的85.7%（12/14），碱基颠换仅占14.3%（2/14）。

3.单倍型

　　在117个样本序列中共识别出15个单倍型（Hap 01 ～ Hap 15），单倍型间的碱基差异数1 ～ 5个。Hap 01和Hap 02是主要单倍型，共占据单倍型总数量的79.5%，其中Hap 01有49个样本，占41.9%；Hap 02有44个样本，占37.6%。Hap 03 ～ Hap 15为次要单倍型，其中Hap 03 ～ Hap 07样本量为2 ～ 5；Hap 08 ～ Hap 15仅检测到单个样本（表10.2）。

表10.2　赤腹鹰mtDNA控制区单倍型及频率

单倍型	变异位点序号														频率
	23	24	40	104	164	247	251	267	272	273	316	318	356	368	
Hap 01	A	T	G	A	G	C	A	C	A	A	A	A	C	A	49
Hap 02	.	.	.	.	.	.	.	.	.	.	G	.	.	.	44
Hap 03	.	A	.	.	.	.	.	.	.	.	G	.	.	.	5
Hap 04	.	.	.	.	.	.	.	.	.	.	.	.	G	.	4
Hap 05	.	.	.	.	.	.	T	.	G	.	.	.	.	.	3
Hap 06	.	.	.	.	A	.	.	.	.	.	.	.	.	.	2
Hap 07	.	.	.	G	.	.	.	.	.	.	G	.	.	.	2
Hap 08	.	.	.	.	.	.	.	.	.	.	.	.	T	.	1
Hap 09	.	.	.	.	.	.	.	G	G	.	.	.	.	.	1
Hap 10	.	.	.	.	.	.	.	.	.	.	G	.	T	.	1
Hap 11	.	.	.	.	.	T	.	.	.	.	G	.	.	.	1

（续）

单倍型	变异位点序号														频率
	23	24	40	104	164	247	251	267	272	273	316	318	356	368	
Hap 12	C	.	.	.	.	.	.	.	.	.	G	.	.	.	1
Hap 13	.	.	.	.	.	.	G	T	.	G	.	.	.	.	1
Hap 14	.	.	A	.	.	.	.	.	.	.	.	G	.	.	1
Hap 15	.	.	.	.	.	.	.	.	.	G	.	.	.	.	1

4.遗传多样性参数及遗传距离

单倍型多样性（h）和核苷酸多样性（π）是分析mt DNA控制区遗传多样性的两个主要指标，单倍型多样性是指在种群中随机抽到两个不同单倍型的概率，核苷酸多样性是随机抽到两个不相同的同源核苷酸的概率。这两个参数越高，则说明遗传多样性水平越高（Elise，2004）。

利用DnaSP 4.0软件和MEGA 5.0软件分别对该赤腹鹰种群的遗传多样性参数及各单倍型之间的遗传距离进行计算，结果显示，单倍型多样性h、核苷酸多样性π以及平均核苷酸差异数K分别为0.684 ± 0.029、$0.002\,38 \pm 0.001\,78$和1.019 ± 0.688；单倍型间的遗传距离为$0.002 \sim 0.012$，平均为0.006，详见表10.3。

表10.3　单倍型之间遗传距离

Hap	01	02	03	04	05	06	07	08	09	10	11	12	13	14
01														
02	0.002													
03	0.005	0.002												
04	0.002	0.005	0.007											
05	0.005	0.007	0.009	0.007										
06	0.002	0.005	0.007	0.005	0.007									
07	0.005	0.002	0.005	0.007	0.009	0.007								

（续）

Hap	01	02	03	04	05	06	07	08	09	10	11	12	13	14
08	0.002	0.005	0.007	0.005	0.007	0.005	0.007							
09	0.005	0.007	0.009	0.007	0.005	0.007	0.009	0.007						
10	0.005	0.002	0.005	0.007	0.009	0.007	0.005	0.002	0.009					
11	0.005	0.002	0.005	0.007	0.009	0.007	0.005	0.007	0.009	0.005				
12	0.005	0.002	0.005	0.007	0.009	0.007	0.005	0.007	0.009	0.005	0.005			
13	0.007	0.009	0.012	0.009	0.002	0.009	0.012		0.007	0.012	0.012	0.012		
14	0.005	0.007	0.009	0.007	0.005	0.007	0.009	0.007	0.009	0.009	0.009	0.012		
15	0.002	0.005	0.007	0.005	0.002	0.005	0.007	0.005	0.002	0.007	0.007	0.007	0.005	0.007

表10.4列出了部分猛禽和几种常见鸟类的遗传多样性参数，其中西班牙雕、金雕、白腹山雕、白肩雕等属于濒危物种，而库氏鹰、苍鹰、条纹鹰、红尾𫛭、美洲隼等种群比较稳定，刀嘴海雀、翻石鹬、黑腹滨鹬和大山雀是普通的常见鸟类（Nei，1987；Wenink et al.，1994；Moum & Arnason，2001；Kvist et al.，2003；Kumar et al.，2004；Martínez-Cruz et al.，2004；Roques & Negro，2005；Asai et al.，2006；Cadahía et al.，2007；Sonsthagen et al.，2012）。对比猛禽和常见鸟可知，单倍型多样性参数仅鹰雕能达到常见鸟类的水平，而核苷酸多样性猛禽则远小于常见鸟，这说明猛禽遗传多样性普遍处于较低水平，更容易面临生存风险，这也是我国将猛禽类群的所有物种都列为国家Ⅱ级甚至Ⅰ级重点保护野生动物的重要原因。

表10.4 几种猛禽及常见鸟类mtDNA控制区遗传多样性指数

物种名	学名	h	π	样本数
赤腹鹰	*Accipiter soloensis*	0.684 ± 0.029	$0.002\,38 \pm 0.001\,78$	117
猛禽类				
库氏鹰	*Accipiter cooperii*	0.24	0.000 3	44
苍鹰	*Accipiter gentilis*	0.719 ± 0.056	$0.002\,47 \pm 0.001\,82$	49
条纹鹰	*Accipiter striatus*	0.32	0.000 4	34

（续）

物种名	学名	h	π	样本数
西班牙雕	*Aquila adalberti*	0.322 ± 0.073	$0.000\,98 \pm 0.000\,24$	60
金雕	*Aquila chrysaetos*	0.548	0.002 0	42
白腹山雕	*Aquila fasciata*	0.542 ± 0.046	$0.002\,40 \pm 0.001\,70$	72
白肩雕	*Aquila heliaca*	0.779 ± 0.042	$0.005\,48 \pm 0.000\,68$	34
红尾鵟	*Buteo jamaicensis*	0.69	0.009 0	26
美洲隼	*Falco sparverius*	0.06	0.000 1	38
赤鸢	*Milvus milvus*	0.61	0.003 2	105
鹰雕	*Spizaetus nipalensis*	0.935 ± 0.013	$0.007\,41 \pm 0.004\,13$	68
常见鸟类				
刀嘴海雀	*Alca torda*	0.950 ± 0.020	$0.017\,30 \pm 0.001\,70$	42
翻石鹬	*Arenaria interpres*	0.957 ± 0.023	$0.010\,39 \pm 0.006\,21$	25
黑腹滨鹬	*Calidris alpina*	0.933 ± 0.036	$0.036\,78 \pm 0.019\,28$	25
大山雀	*Parus major*	0.855	0.325	125

董寨地区的赤腹鹰种群单倍型多样性平均为0.684 ± 0.029，核苷酸多样性平均为$0.002\,38 \pm 0.001\,78$，高于西班牙雕、美洲隼及条纹鹰，低于白肩雕及鹰雕等，与苍鹰比较接近，在所列猛禽中处于中等位置。目前，虽然没有明确迹象表明董寨保护区赤腹鹰种群正面临生存危机，但根据其较低的遗传多样性水平推测，其生存潜力可能并不乐观。

5.进化树

使用MEGA 5.0软件构建15个单倍型的NJ树（邻接法）和MP树（最大简约法），结果见图10.4。从图中可以看出，两种方法构建的系统发生树存在一定分歧，表现在Hap 08和Hap 10的聚类方式不同。NJ树部分节点置信度支持率低于50，可信度差，而MP树各结点支持率均大于50。在对同源性高的序列进行建树时，最大简约法得到的MP树比其他方法更接近真实的树（Li et al., 2010）。

本项研究中的序列来自同一物种，同源性高，因此MP树可信度较高。从MP树看出，Hap 05、Hap 09、Hap 13和Hap 15聚为一大枝，其他单倍型聚为另一大枝，可能存在微小的遗传分化（图10.4）。

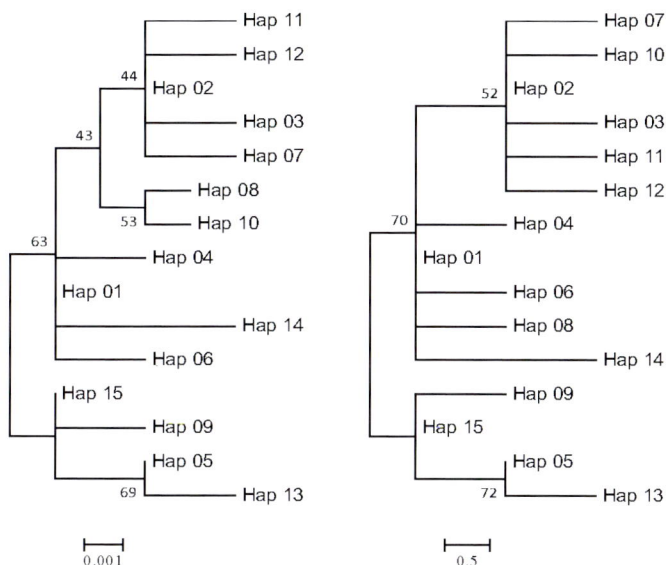

图10.4 基于接邻法和最大简约法构建的NJ树（左）和MP树（右）

6.中性检验及错配分布

中性检验中，若Tajima's D为正值，表明群体可能存在瓶颈效应或平衡选择。若D值为负，则有两种可能：一种是当群体中产生有害突变时，这些突变将会受到负选择的作用而保持较低的频率，导致检验值为负；另一种是当某一位点受到强烈的正选择作用而显示较高的频率时，与其紧密连锁的座位上的变异在群体中的比例也会随之升高，即产生了选择搭载效应。因此，若D值为负显著，既可能是负选择效应造成的，也可能是产生了搭载效应的结果，并且其原因并不一定就是自然选择，只是存在选择作用的可能。而Fu's Fs值为负显著，表明种群存在扩张或者正选择的搭载效应（Slatkin & Hudson，1991）。

错配分布图（10.5）反映了种群的发展历史，通过检验错配分布曲线呈单峰或多峰、是否符合中性进化，可以推测种群在历史上是否发生过扩张事件。

一般来说，若种群在历史上经历了扩张或持续增长，其错配分布图会呈现单峰泊松分布，且显著偏离中性突变；若种群保持稳定，错配分布曲线则出现多峰且符合中性进化（Amadon，1977；Rogers & Harpending，1992；Sylvain et al.，2004）。

在董寨地区的赤腹鹰种群中，中性检验得到Tajima's D值为−1.6378（P<0.05），Fu's Fs的值为−30.21471（P<0.05），二者都为负值且差异显著，表明该种群遗传参数不符合中性进化模型；与此同时，错配分布图呈单峰泊松分布（Sum of Squared deviation= 0.00723，P>0.05）；因此，该赤腹鹰种群符合急速扩张模型（Sudden expansion model，图10.5），说明该赤腹鹰种群在历史上未曾受到瓶颈效应的影响，且很可能发生过扩张事件，或是经历过较为稳定的持续增长。但种群延续至今，其遗传多样性已处于较低水平，生存潜力并不乐观，需要在扩大种群规模、维持食物链完整、促进生态系统健康等方面展开行之有效的保护行动。

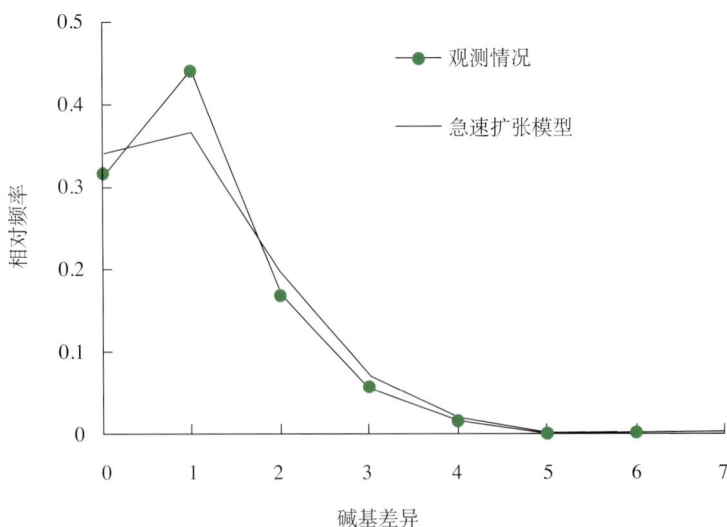

图10.5　赤腹鹰mtDNA控制区错配分布图

第十一章　同域分布的鹰形目猛禽种间关系

　　生活在同一区域内的各种生物之间在食物、水源、空间等资源利用方面往往会产生一定的联系，物种之间的这种联系包括捕食、竞争、互利、共生、寄生等多种形式（孙儒泳，2001）。种间关系及其作用程度不仅影响生物个体的适合度和种群动态，而且对群落结构和生态系统的功能也会产生一定的影响。长期以来，有关种间关系与物种共存机制的研究一直是生态学研究的热点问题（Gerstell & Bednarz，1999；Skierczyński，2006）。

　　对于亲缘关系相近的物种而言，由于生态习性相近，对资源的需求接近，彼此之间常常会发生种间竞争（interspecies competition）。高斯（Gause，1934）对种间竞争进行了实验性研究，提出了竞争排斥法则（competitive exclusion principle，Gause's principle）。该理论认为，在一个稳定的环境内，两个以上受资源限制的，但具有相同资源利用方式的物种，不能长期共存在一起，也就是完全的竞争者不能共存（Gause，1970，2003）。生态位理论则认为，同域分布的物种只有在时间、空间、营养等生态位的某一方面或某几方面出现分化，才能够实现长期共存（孙儒泳，2001）。长期以来，竞争排斥法则和生态位理论一直是解释群落物种多样性形成机制的经典理论。近年来，在深入研究的基础上，有关学者又陆续提出了物种共存的中性理论（neutral theory）和近中性理论（Kimura，1979；Hubbell，2001）。

　　猛禽由于主要以捕食其他动物为生，属于食物链的顶级消费者，因此在自然生态系统中占据重要的地位。在我国许多地区，经常有多种猛禽共同生活在同一区域（Gerstell & Bednarz，1999；杨志松等，2000；彭基泰等，2000；鲍伟东等，2006；Skierczyński，2006；孟德荣等，2009；黄族豪等，2013）。这些同域生活的猛禽之间是如何实现共存的？其生态位产生了什么样的分化？这些都是鸟类学家十分关注的问题。已有一些研究开始探讨同域分布的猛禽食性与营养生态位（LeClerc，1990；Giovanni，2005；Cui et al.，2008），还有一些研究涉及巢址选择与巢区选择分化（Selas，1997；Krüger，2002；Poirazidis et al.，2007）；而关于同域分布的猛禽的共存机理的综合性研究则相对较少（Gerstell，1988；Gerstell & Bednarz，1999）。

　　董寨保护区地处亚热带到暖温带的过渡区，是一个生物多样性十分丰富、珍稀濒危物种集中分布的保护区（宋朝枢等，1996）。在保护区内分布的隼形目和鹰形目猛禽共有16种。其中，常见的有赤腹鹰、凤头鹰、灰脸鵟鹰和黑冠鹃隼等。凤头鹰、松雀鹰为保护区内的留鸟，灰脸鵟鹰在保护区内为夏候鸟，每年的3月下旬开始繁殖（Deng，2004）；赤腹鹰、黑冠鹃隼迁来时间相对较晚，大约在每年4月底5月初同时抵达保护区并开始繁殖活动。目前，对这些物种的分布和习性只有一些零星的报道，对它们的种间关系尚未进行专项研究。为此，以董寨保护区内的5种猛禽为研究对象，对它们的时间、空间和营养生态位进行了研究，研究的目标是：赤腹鹰（图11.1）、黑冠鹃隼（图11.2）、松雀鹰（图11.3）、灰脸鵟鹰（图11.4）、凤头鹰（图11.5）5种猛禽的种间关系及其相互影响，分析其同域共存的机理。

图11.1　赤腹鹰

图11.2 黑冠鹃隼

图11.3 松雀鹰

图11.4 灰脸鵟鹰

图11.5 凤头鹰

一、两种猛禽分布新记录

1.凤头鹰的分布新记录

凤头鹰为中型猛禽，为国家Ⅱ级重点保护野生动物。据文献记载，凤头鹰有11个亚种，分布于东亚、南亚和东南亚。我国只分布有2个亚种：普通亚种（*A.t.indicus*）、台湾亚种（*A.t.formose*），前者分布于云南、贵州、四川、重庆、湖北、江西、广东、广西、海南、香港，后者仅分布于台湾省（杨岚，1995；

赵正阶，2001；Craig，2005；郑光美，2023）。

于2008年6月11日首次记录到凤头鹰在董寨自然保护区繁殖，为凤头鹰普通亚种，这是该物种在河南省的分布新记录，也是该物种分布的最北记录（马强等，2008）。同时，也使该物种的分布区向东、向北进一步扩展（马强等，2008）。对其巢及巢树的测量结果见表11.1和表11.2。

表11.1　凤头鹰巢量度

巢编号	内径-1 (cm)	内径-2 (cm)	外径-1 (cm)	外径-2 (cm)	巢深 (cm)	巢高 (cm)	离地高度 (m)
1	24	27	52	57	7	28	16.6
2	18	19	55	67	9	38	17
3	19	21	81	86	8	22	10.3
4	23	25	70	77	8	47	10.1
5	21	22	37	56	7	20	13
6	21	21	50	57	9	35	14
7	22	23	58	66	6	26	16
均值	21.14±2.12	22.57±2.70	57.57±14.27	66.57±11.41	7.71±1.11	30.86±9.63	13.86±2.87

表11.2　凤头鹰巢树与巢位

巢编号	巢树	巢位	树高 (m)	胸径 (cm)
1	马尾松	主干	19.6	31.2
2	朴树	侧枝	19	27.8
3	马尾松	侧枝	15	34.6
4	枫杨	主干	13	9.9
5	马尾松	主干	13.5	28.8
6	马尾松	主干	18	44.6
7	马尾松	主干	21	32.4
8	马尾松	主干	19.6	31.2

2.灰脸鵟鹰繁殖区新记录

灰脸鵟鹰是一种中型猛禽，为国家Ⅱ级重点保护野生动物，繁殖于我国东北地区与河北省，在国外繁殖于朝鲜半岛北部、日本等地；越冬时见于我国长江流域以南及南亚、东南亚等地区（约翰·马敬能等，2000；Ferguson-Lees & Christie，2001；赵正阶，2001；Craig，2005）。

在董寨保护区，灰脸鵟鹰为夏候鸟。每年2月底、3月初即有零星的目击记录，最早见到灰脸鵟鹰的日期为2010年2月27日。于2007—2010年对其进行了调查。采用全区域搜索法进行了仔细调查，发现在该保护区内灰脸鵟鹰的繁殖种群密度约为0.35对/km^2。灰脸鵟鹰在本区域于3月末、4月初开始营巢繁殖，巢址一般位于向阳、背风的山谷中，多在谷底的坡脚处。巢建于高大乔木上，巢树选择偏好针叶树（所发现的14个巢均筑在马尾松上），有12巢位于马尾松的主干上，2巢筑在侧枝上。巢呈碟形，较粗糙，巢材以枯枝为主，内垫一些板栗、水杉、枫杨、黄连木（*Pistacia chinensis*）等的鲜枝。2009、2010年所发现的12个巢树的测量数据：巢树树高13.56±3.40m，胸径30.61±8.04cm，巢枝直径15.18±5.57cm。巢一般位于树冠的下部、粗大分枝的基部、近中心的位置，距地面高度为10.3±2.74m（$n = 12$）。对6个巢进行了测量：巢内径为16.9cm×18.0cm，外径53.2cm×69.8cm，巢深6.58±1.46cm，巢高27.37±8.39cm。灰脸鵟鹰的窝卵数为2.75±0.46枚（$n = 8$）。卵呈白色，在孵卵过程中会被染上深浅不同的、不规则的棕褐色斑。对8窝22枚卵进行了测量：卵重32.25±9.14g，短径37.70±3.38mm，长径44.63±4.90mm。灰脸鵟鹰在本区域的孵卵期约为30d（$n = 3$），育雏期47d左右（$n = 3$）。在所观察的14个繁殖巢中，有11巢繁殖成功，成功率高达78.57%。繁殖失败的3个巢，都是在孵卵期间弃巢，具体原因不明（马强等，2011）。

在黄河以南地区，以往没有灰脸鵟鹰的繁殖记录。本项研究将其文献记录的繁殖区从黄河以北往南扩展到了河南的南部（颜重威等，1996；Ferguson-Lees & Christie，2001；马强等，2011；郑光美，2023）。在董寨保护区确定有灰脸鵟鹰稳定繁殖种群的存在，属于该种猛禽繁殖区的新分布记录。

二、五种猛禽的种间关系

1.凤头鹰—松雀鹰—灰脸𫛭鹰的竞争与共存

（1）居留时间

在董寨保护区内，灰脸𫛭鹰为夏候鸟。2月底、3月初即有零星的目击记录，最早的记录为2010年2月27日。3月末、4月初开始营巢繁殖，至9月末迁徙离开本区域，居留时间为7个月。凤头鹰、松雀鹰在研究区为留鸟，繁殖开始时间较早，3月末、4月初即开始炫耀、占区及营巢行为，为本区域繁殖的鹰形目猛禽中最早的。

（2）空间利用

在栖息地选择方面，凤头鹰、松雀鹰、灰脸𫛭鹰均倾向于选择在向阳、背风的山谷中，接近谷底坡脚处的森林。选择高大的针叶树（在本区域主要为马尾松）作为巢树，巢位于树冠的中部，位于主干的较多，只有少数筑在粗大的侧枝上。在空间生态位上，凤头鹰、松雀鹰、灰脸𫛭鹰之间存在严重的重叠，竞争激烈，其巢址通常相距较远（图11.6）。

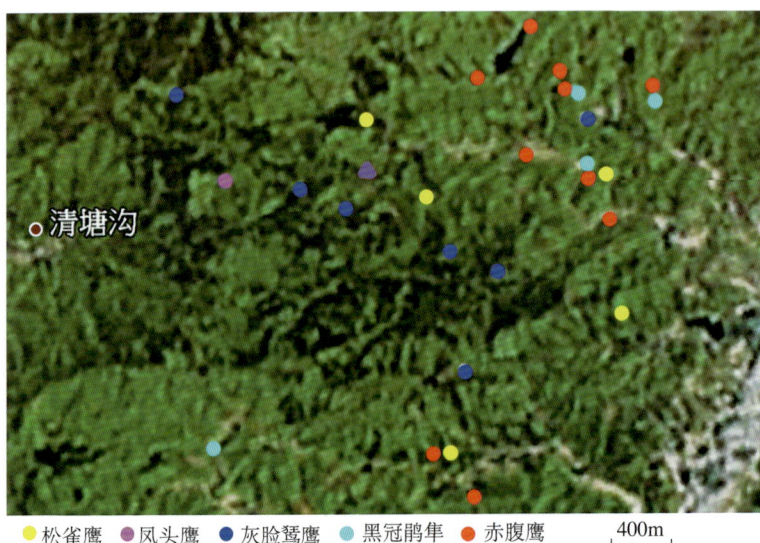

松雀鹰　凤头鹰　灰脸𫛭鹰　黑冠鹃隼　赤腹鹰　　400m

图11.6　董寨保护区部分猛禽巢址分布格局（2011年）

（3）繁殖期食性

5种猛禽食性组成见图11.7。在凤头鹰的食物组成中，鸟类占到95.96%、哺乳动物（啮齿类）占4.04%；松雀鹰的食物中有96.47%为鸟类，啮齿类占3.53%，二者食性的相似性非常高；灰脸鵟鹰的食物是以爬行动物（尤其蛇类）、两栖动物（蟾蜍为主）和无脊椎动物中的大型昆虫为主，但若以生物量计，则蛇类的贡献率更大。灰脸鵟鹰的食性与前两种猛禽差异显著（图11.7）。

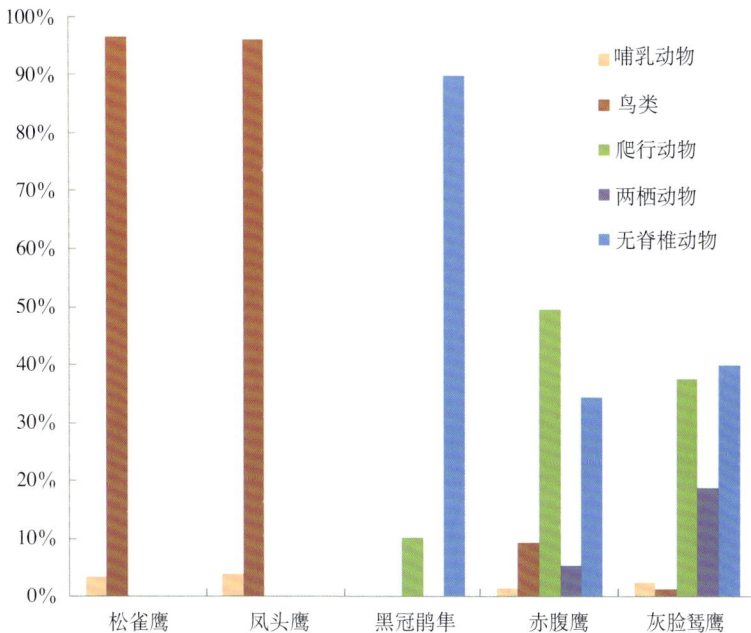

图11.7　5种猛禽的食性统计

（4）凤头鹰—松雀鹰—灰脸鵟鹰的同域共存

凤头鹰是中型猛禽，体型较大且攻击性很强，对其他中小型猛禽的驱离作用非常明显，其他几种猛禽不在凤头鹰领域附近筑巢繁殖（图11.6）。凤头鹰与松雀鹰在巢树选择、繁殖季食性、繁殖时间方面则完全重叠（表11.3），其生态位重叠非常大，竞争较为激烈，甚至在凤头鹰的巢中发现了松雀鹰幼鸟的残骸（图11.8）。

表11.3　凤头鹰—松雀鹰—灰脸鵟鹰的巢树、食物及其繁殖期

种类	巢树（空间）	食物（营养）	繁殖期（时间）
松雀鹰	高大针叶树	鸟类（主要）、啮齿类	4—7月
凤头鹰	高大针叶树	鸟类（主要）、啮齿类	4—7月
灰脸鵟鹰	高大针叶树	爬行动物（蛇类），两栖动物（蟾蜍），大型昆虫	4—7月

图11.8　凤头鹰巢中的松雀鹰幼鸟残骸

2.赤腹鹰—黑冠鹃隼的竞争与共存

（1）繁殖时间

赤腹鹰和黑冠鹃隼春季迁来董寨保护区的时间较晚，到达研究区的时间一般在4月底或5月初，二者几乎同时迁来。随即开始炫耀、占区等繁殖行为。雏鸟于6月末、7月初开始陆续离巢，较晚者于8月初离巢。9月末至10月初，陆续离开繁殖地向南迁往越冬地。两个种迁来和迁走的时间基本一致。

（2）巢树选择偏好

赤腹鹰倾向于选择在高大阔叶乔木（91.73%）上筑巢繁殖，仅8.27%的巢筑在马尾松上。在其用作巢树的树种中，以板栗、枫杨最多（表4.1）。黑冠鹃隼也选择在高大乔木上筑巢繁殖，但与赤腹鹰不同之处在于全部选择在阔叶树

上（$n = 38$）；其巢树以枫杨、加拿大杨和板栗为主。主要巢树种类与赤腹鹰巢树相同，但各树种所占比例略有差别（表11.4）。

表11.4　黑冠鹃隼巢树种类组成统计

树　种	数量（棵）	百分比（%）
枫杨（*Pterocarya stenoptera*）	11	28.95
加拿大杨（*Populus* × *Canadensis*）	10	26.32
板栗（*Castanea mollissima*）	7	18.42
梨（*Pyrus* spp.）	3	7.89
麻栎（*Quercus acutissima*）	3	7.89
水杉（*Metasequoia glyptostroboides*）	2	5.26
梧桐（*Firmiana platanifolia*）	1	2.63
枫香（*Liquidambar formosana*）	1	2.63

（3）繁殖期食性

在黑冠鹃隼的食物中，有89.8%为大型昆虫等无脊椎动物，爬行动物仅占10.2%。而赤腹鹰的食谱中，爬行动物占到35.82%，无脊椎动物占49.39%。另外，赤腹鹰还捕猎鸟类（8.17%）、两栖动物（5.70%）和哺乳动物（0.92%）。

（4）赤腹鹰与黑冠鹃隼的同域共存

在董寨保护区，赤腹鹰与黑冠鹃隼在迁徙和繁殖时间上是完全重叠的（表11.5）。在生境、巢树的选择上也极为相似，少数赤腹鹰在高大的马尾松上营巢，大多数赤腹鹰与黑冠鹃隼一样，选择在板栗、枫杨、加拿大杨等阔叶乔木上营巢。尽管两个种在巢树选择上有很大的相似性，但野外观察发现，赤腹鹰多利用树冠中下部较粗大的侧枝或主干（$n = 133$），而黑冠鹃隼则多利用树冠上部已经非常细的主干（$n = 27$），巢位方面差别很大。

表11.5　赤腹鹰—黑冠鹃隼的生态关系

种　类	巢树（空间）	食物（营养）	繁殖期（时间）
赤腹鹰	高大阔叶树	爬行动物（主）、昆虫（次）	5—8月
黑冠鹃隼	高大阔叶树	昆虫（主）、爬行动物（次）	5—8月

　　繁殖期食性方面，虽然爬行动物和大型昆虫是赤腹鹰和黑冠鹃隼共同的重要食物，但赤腹鹰以捕食爬行动物（蜥蜴类）为主，同时还捕猎部分小型哺乳动物、鸟类和蛙类；而黑冠鹃隼以捕食大型无脊椎动物为主，少量蜥蜴类。小型哺乳动物、鸟类和两栖类则没有出现在其食谱中。这两种猛禽在巢位和食物的选择偏好方面的显著差异，使得其种间竞争较弱，可以很好地共存。在野外研究中发现它们的领域经常相互重叠，在相邻的树上筑巢，甚至记录到：一对赤腹鹰和一对黑冠鹃隼在同一棵加拿大杨上筑巢，它们相互间没有直接的攻击行为，彼此间也没有表现出明显的负面影响，并且双双繁殖成功。

　　与凤头鹰、松雀鹰和灰脸鵟鹰相比，赤腹鹰和黑冠鹃隼明显处于劣势地位，它们对前3种猛禽都是采取规避的对策，选择远离它们领域的生境繁殖。而事实上，当赤腹鹰和黑冠鹃隼迁徙到繁殖地时，凤头鹰、松雀鹰、灰脸鵟鹰均已完成占区，开始后续繁殖行为了。赤腹鹰、黑冠鹃隼选择未被占据的区域繁殖。

三、同域分布猛禽的共存机制

　　同域分布的猛禽存在不同程度的资源竞争，根据竞争排斥原理，群落中所利用资源完全相同的竞争者不能够长期共存（孙儒泳，2001）。所以，在同一地域栖息的猛禽必然在时间、空间、营养等生态位的某一方面或某几方面出现分化，才能够实现共存。Skierczyński（2006）对波兰农耕区生境中的普通鵟、红隼、长耳鸮进行了食性方面的研究，结果显示这3种猛禽虽然营养生态位有一定重叠，但食性也存在着明显的分化。在普通鵟的食物中啮齿动物超过60%，其次为鸟类和食虫目动物，昆虫比例很小；尽管红隼也捕食大量啮齿动物（＞60%），但与普通鵟不同的是它还大量捕食昆虫（＞10%）；长耳鸮主要在夜间活动，其食物主要是啮齿动物，其中超过95%为田鼠类。这3种猛禽通过营养生态位和时间生态位的分化，得以在同一生境中长期共存（Skierczyński，2006）。Kruüger（2002）在德国对普通鵟和苍鹰的巢址选择偏好、繁殖成功率及种间巢址竞争进行研究时，发现它们在空间生态位上存在明显的竞争。在选择巢址时，苍鹰对同域分布的普通鵟有显著的排挤作用（Krüger，2002）。崔庆虎等（2008）对同域分布的大鵟和雕鸮的夏季食性进行的研究显示，两个种的食物组成基本相同，营养生态位重叠率很高，但其时间生态位的显著差异（昼行性与夜行性）使它们对资源的竞争并不激烈，得以长期共存（Cui et al.，2008）。

在研究中，河南董寨国家级自然保护区的几种主要猛禽生态位重叠十分严重，看似不应该在同一区域共存。但深入分析发现，虽然凤头鹰和松雀鹰都是以鸟类为主要食物，但凤头鹰的体型相当于松雀鹰的2倍，捕杀猎物的能力强于后者，因此，这两种猛禽所捕杀的猎物具体种类可能存在显著差别，并借此得以共存（还有待深入研究）。灰脸鵟鹰的体型与凤头鹰相近，在繁殖时间和栖息地选择方面与前两个种相同，空间和时间生态位重叠严重。食性差别明显，减小了相互间的竞争。松雀鹰与灰脸鵟鹰在栖息地和巢树选择方面有着几乎完全相同的需求，竞争也很激烈。松雀鹰体型虽小但较为凶猛，灰脸鵟鹰体型相当于松雀鹰的2倍，但攻击性稍差。这两种猛禽在繁殖期也达成了微妙的平衡，通过保持合适的距离以减少冲突。与凤头鹰、松雀鹰和灰脸鵟鹰相比，赤腹鹰和黑冠鹃隼明显处于劣势，因此，赤腹鹰和黑冠鹃隼选择未被前3种猛禽占据的区域繁殖。而赤腹鹰和黑冠鹃隼之间，通过食性上和巢位选择上的显著差异，很好地避免了相互竞争。

参 考 文 献

安文山. 1993. 庞泉沟猛禽研究 [M]. 北京: 中国林业出版社.

白帆, 桑卫国, 刘瑞刚, 等, 2008. 保护区对生物多样性的长期保护效果: 长白山自然保护区北
　　坡森林植物多样性43年变化分析 [J]. 中国科学: 生命科学, 38 (6): 573-582.

鲍伟东, 李晓京, 史阳, 2006. 北京地区隼形目鸟类物种多样性现状调查 [J]. 四川动物, 24 (4):
　　557-558.

常家传, 姜国华, 1988. 白头鹞的繁殖习性 [J]. 东北林业大学学报, 16 (5): 37-41.

范强东, 1988. 庙岛群岛猛禽的迁徙观察 [J]. 野生动物, (03): 4-6, 13.

方昀, 孙悦华, Wolfgang Scherzinger, 2007. 甘肃莲花山四川林鸮初步观察. 动物学杂志, 42 (2):
　　146-147.

冯文和, 鸢在成都地区 (四川省) 繁殖时期的食性 [J]. 动物学杂志, 7 (1): 16-17.

高玮, 2002. 中国隼形目鸟类生态学 [M]. 北京: 科学出版社.

高岫, 张兴录, 1985. 松雀鹰的巢 [J]. 野生动物 (3): 35-36.

高振建, 杜志勇, 王兴森, 等, 2006. 河南董寨国家级自然保护区发冠卷尾的巢址选择 [J]. 动物
　　学杂志, 41 (1): 69-73.

郭东龙, 周梅素, 席玉英, 等, 2001. 重金属汞在鸟体羽毛组织中的含量及分布规律 [J]. 动物学
　　报, (S1 期): 139-143.

郭郛, 钱燕文, 马建章, 等, 2004. 中国动物学发展史 [M]. 哈尔滨: 东北林业大学出版社.

和振武, 许人和, 1990. 河南省的蛭类 [J]. 河南师范大学学报 (自然科学版), 2: 107-108.

侯连海, 1984. 江苏泗洪下草湾中中新世脊椎动物群-2. 兀鹫亚科 (鸟纲、隼形目) [J]. 古脊椎动
　　物学报, 22 (1): 14-20, 85.

侯连海, 周忠和, 张福成, 等, 2000. 山东山旺发现中新世大型猛禽化石[J]. 古脊椎动物学报, 38 (2):
　　104-110.

侯韵秋, 杨若莉, 刘岱基, 等, 1990. 中国东部沿海地区猛禽迁徙规律研究 [J]. 林业科学研究. (03) : 207-214.

滑冰, 段慧娟, 张晓峰, 等, 2004. 董寨国家级自然保护区夏候鸟资源调查 [J]. 河南农业大学学报, 37 (4) : 370-374.

黄佳亮, 2017. 喜鹊的繁殖成效及其生态影响因子 [D]. 海口 : 海南师范大学.

黄族豪, 柯坫华, 乐枫玲, 2013. 江西省猛禽鸟类多样性研究 [J]. 井冈山大学学报 : 自然科学版, 34 (6) : 96-99.

蒋迎昕, 孙悦华, 毕中霖, 2005. 四川瓦屋山金色林鸲的繁殖生态及孵卵节律 [J]. 动物学杂志, 40 (2) : 6-10.

瞿文元, 1985. 河南蛇类及其地理分布 [J]. 河南大学学报 (自然科学版), 3 : 008.

康熙民, 1988. 中国东部有风头鹃隼的分布 [J]. 野生动物 (1) : 45.

雷富民, 1995. 陕西省岐山地区纵纹腹小鸮的食性研究 [J]. 武夷科学 (7) : 136-142.

雷富民, 郑作新, 1995. 纵纹腹小鸮 (*Athene noctua Plumipes*) 的生态及捕食行为机理 [J]. 广西科学, 2 (4) : 38-40.

雷富民, 1994. 纵纹腹小鸮的繁殖生态学 [J]. 生态学报, 2 : 205-208.

李庆伟, 田春宇, 李爽, 2001. 鹰科四种鸟类线粒体 DNA 的差异和分子进化关系的研究 [J]. 遗传, 23 (6) : 529-302.

李庆伟, 文伟, 1998. 鸮形目 8 种鸟类线粒体 DNA 多态性研究 [J]. 动物学报, 44 (1) : 94-101.

李湘涛, 2004. 中国猛禽 [M]. 北京 : 中国林业出版社.

刘芳, 侯立雅, 宋杰, 等, 2008. 雕鸮 (*Bubo bubo*) 和长耳鸮 (*Asio otus*) 体内金属元素含量的测定 [J]. 生态学报, (3) : 1120-1127.

刘庚, 陈美, 陈小麟, 2006. 厦门几种猛禽体内的重金属分布 [J]. 厦门大学学报 (自然科学版), 45 (2) : 280-283.

刘焕金, 等, 1985. 白尾鹞冬季生态观察 [J]. 动物学研究, 6 (4) : 421-422.

刘焕金, 苏化龙, 等, 1986. 陕西省金雕的地理分布 [J]. 自然资源研究, 3 : 36-40.

刘丽秋, 张立世, 李时, 等, 2016. 栗斑腹鹀鸣声质量与繁殖投入之间关系的研究 [J]. 东北师大学报 (自然科学版), 3 (48) : 110-114, 24.

马静, 罗旭, 白洁, 等, 2012. 白冠长尾雉保护中的社区影响——以董寨保护区为例 [J]. 林业资源管理, (3) : 126-130.

马鸣,梅宇,吴逸群,等,2007.中国西部地区猎隼（*Falco cherrug*）繁殖生物学与保护 [J].干旱区地理,30 (5)：654-659.

马鸣,殷守敬,徐峰,等,2005.新疆、青海、西藏猎隼（*Falco cherrug*）生存状况与繁殖生态 [J].第八届中国动物学会鸟类学分会全国代表大会暨第六届海峡两岸鸟类学研讨会论文集.

马强,2015.赤腹鹰（*Accipiter soloensis*）的繁殖生态及同域分布隼形目猛禽的种间关系研究 [D].北京师范大学.

马强,李建强,张正旺,等,2008.河南省鸟类新记录——凤头鹰 [J].北京师范大学学报：自然科学版,44 (6)：613-614.

马强,苏化龙,肖文发,2007.赤腹鹰繁殖生态学初步研究 [C]//中国动物学会鸟类学分会学术研讨会.

马强,溪波,李建强,等,2011.河南灰脸鵟鹰繁殖习性初报 [J].动物学杂志,46 (4)：40-41.

孟德荣,王春杰,曹春晖,等,2009.河北沧州地区猛禽初步调查 [J].动物学杂志,43 (6)：127-130.

彭基泰,周华明,2000.四川甘孜地区的猛禽调查 [J].四川动物,19 (2)：62-64.

钱燕文,1995.中国鸟类图鉴 [M].郑州：河南科学技术出版社.

阮祥峰,2000.鸟类乐园：河南省罗山县董寨鸟类自然保护区 [J].林业科技管理 (4)：46-47.

申效诚,时振亚,1994.河南昆虫分类区系研究 [M].北京：中国农业科学技术出版社.

宋朝枢,瞿文元,1996.董寨鸟类自然保护区科学考察集 [M].北京：中国林业出版社.

宋晔,闻丞,2016.中国鸟类图鉴（猛禽版）[M].海峡出版发行集团海峡书局.

孙梅君,张明梅,2004.禽流感对农业及相关产业的影响 [J].调研世界,3：5-6.

孙儒泳,2001.动物生态学原理（第三版）[M].北京：北京师范大学出版社.

孙悦华,刘廼发,方昀,2001.四川林鸮在甘肃的新分布 [J].动物学报,4：021.

孙悦华,2017.鸟类个性与繁殖 [A].中国动物学会鸟类学分会.第十四届全国鸟类学术研讨会暨第十届海峡两岸鸟类学术研讨会论文摘要集 [C].中国动物学会鸟类学分会：149.

田兴军,2005.生物多样性及其保护生物学 [M].北京：化学工业出版社,1-5.

万冬梅,胡博,马强,2014.河南董寨国家级自然保护区赤腹鹰种群遗传多样性的研究 [J].辽宁大学学报：自然科学版,41 (2)：7.

王龙祥,马强,王昱,等,2018.河南董寨赤腹鹰孵卵节律与巢防卫行为 [J].动物学杂志,53 (4)：9.

王龙祥,隋金玲,马强,2020.赤腹鹰巢址选择和繁殖成效的影响因子分析 [J].林业科学,56 (2)：7.

王翔，孙毅，袁晓东，等，2004.猛禽类15种鸟类线粒体tRNA基因序列及二级结构的比较研究
[J].遗传学报，31（4）：411-419.

吴荣富，2004.禽流感会不会推倒多米诺骨牌的第一张 [J].中国禽业导刊，4：30-34.

溪波，朱家贵，张可银，等，2013.董寨国家级自然保护区繁殖鸟类现状调查 [J].四川动物，32
（6）：932-937.

徐基良，张晓辉，张正旺，等，2005.白冠长尾雉雄鸟的冬季活动区与栖息地利用研究 [J].生物
多样性，13（5）：416-423.

徐基良，张晓辉，张正旺，等，2006.白冠长尾雉越冬期栖息地选择的多尺度分析 [J].生态学报，
26（7）：2061-2067.

徐基良，张晓辉，张正旺，等，2010.河南董寨白冠长尾雉繁殖期栖息地选择 [J].动物学研究，31
（2）：198-204.

许龙，张正旺，丁长青，2003.样线法在鸟类数量调查中的运用 [J].生态学杂志，22（5）：127-130.

许维枢，1995.中国猛禽：鹰隼类 [M].北京：中国林业出版社.

薛达元，蒋明康，1995.中国自然保护区对生物多样性保护的贡献 [J].自然资源学报，10（3）：
286-292.

颜重威，赵正阶，郑光美，等，1996.中国野鸟图鉴 [M].台北：台湾翠鸟文化事业有限公司：58.

杨岚，1995.云南鸟类志（上卷·非雀形目）[M].昆明：云南科学技术出版社.

杨志松，龚明昊，2000.石渠县猛禽的生物多样性 [J].四川师范学院学报：自然科学版，21（2）：
137-140.

姚丽文，1981.旅顺老铁山地区（辽宁省）鹰类迁徙的初步研究 [J].辽宁动物学会会刊，2（1）：
64.

约翰·马敬能，卡伦·菲利普斯，何芬奇，2000.中国鸟类野外手册 [M].长沙：湖南教育出版社.

张荫荪，赵太安，王世军，1985.唐山地区猛禽迁徙生态观察 [J].动物学杂志，01：17-21.

赵尔宓，鹰岩，1993.中国两栖爬行动物学（英文版）[M].

赵序茅，马鸣，丁鹏，2013.金雕巢期行为谱及时间分配 [J].干旱区地理，36（6）：1084-1089.

赵亚军，孙儒泳，房继明，等，2003.青春期雌性根田鼠初次择偶行为与雄性优势等级 [J].动物
学报，49（3）：303-309.

赵正阶，2001.中国鸟类志（上卷）[M].长春：吉林科学技术出版社.

郑光美，2012.鸟类学（第2版）[M].北京：北京师范大学出版社.

郑光美, 2022. 世界鸟类分类与分布名录（第二版）[M]. 北京: 科学出版社.

郑光美, 2023. 中国鸟类分类与分布名录（第四版）[M]. 北京: 科学出版社.

郑育升, 孙元勋, 邓财文, 2006. 利用气象雷达探讨2005年秋季赤腹鹰过境恒春半岛之模式 [J]. 台湾林业科学, 21 (4) : 491-498.

周尧, 1994. 中国蝶类志 [M]. 郑州: 河南科学技术出版社.

朱家贵, 2022. 河南董寨国家级自然保护区科学考察集 [M]. 北京: 中国林业出版社.

Alexander V B, Geoffrey E H, Michelle L B, et al., 2002. Sex-biased hatching order and adaptive population divergence in a passerine bird. Science, 295: 316-318.

Amadon D, 1977. Further comments on sexual size dimorphism in birds. Wilson Bulletin, 89: 619-620.

Amat J A, Masero J A, 2004. Predation risk on incubating adults constrains the choice of thermally favourable nest sites in a plover[J]. Animal Behaviour. 67: 293-300.

Ankney C D, 1982, . Sex ratio varies with egg sequence in lesser snow geese. Auk, 99: 662-666.

Anne L M, Theresa M B, 2004. Genetic diversity in the mtDNA control region and population structure in the pink shrimp *Farfantepenaeus duorarum*. BioOne, 24: 101-109.

Appleby B M, 1997. Does variation of sex ratio enhance reproductive success of offspring in tawny owls (*Strix aluco*) . Biological Sciences, 264: 1111-1116.

Asai S, Yamamoto Y, Yamagishi S, 2006. Genetic diversity and extent of gene flow in the endangered Japanese population of Hodgson's hawk-eagle, *Spizaetus nipalensis*. Bird Conservation International, 16: 113-129.

Asai S, Akoshima D, Yamamoto Y, et al., 2008. Current status of the Northern Goshawk *Accipiter gentilis* in Japan based on mitochondrial DNA[J]. Ornithological Science, 7 (2) : 143-156.

Ashleigh S G, Ben C S, Stuart A W, 2005. Cooperative breeders adjust offspring sex ratios to produce helpful helpers. The American Naturalist, 166 (5) : 628-632.

Auer S K, Bassar R D, 2007. Fontaine, J. J., and Martin, T. E. Breeding biology of passerines in a subtropical montane forest in northwestern Argentina. Condor, 109: 321-333.

Badami A, 1988. Breeding biology and conservation of the Eleonora's falcon *Falco eleonorae* in south-west Sardinia, Italy[J]. Holarctic Birds of Prey, 149-156.

Bahus T K, 1993. Clutch size variation of the meadow pipit (*Anthus pratensis*) in relation to altitude and latitude. Fauna Norvegica, Series C. 16 (1) : 37-40.

Balthazart J, Pröve E, Gilles R, 1983. Hormones and Behaviour in Higher Vertebrates [M]. Springer Berlin Heidelberg.

Barnard P E, 1984. Prey selection and provisioning strategies by Northern Harriers *Circus ryaneus* L. In Mendelshohn, J. M. & Sapsford, E. W. (eds) Proc. 2nd Sympos. Afr. Predatory Birds: 229. Durban: Natal Bird Club.

Bergo G, 1987. Territorial behaviour of Golden Eagles in western Norway[J]. British Birds, 80: 361-376.

Bibby C J, Burgess N D, 2000. Hill, D. A., Mustoe, S. H., Bird Census Techniques. 2nd edition. London: Academic Press.

Blank J L, Nolan V, 1983. Offspring sex ratio in red-winged blackbirds is dependent on maternal age. Proceedings of the National Academy of Sciences, 80 (19) : 6141-6145.

Boano G, Toffoli R, 2002. A line transect survey of wintering raptors in the western Poplain of northern Italy. Journal of Raptor Research, 36: 128-135.

Bókony V, GaramszegiL Z, Hirschenhauser K, et al., 2008. Testosterone and melanin-based black lumage coloration: a comparative study[J]. Behavioral Ecology and Sociobiology, 62 (8) : 1229-1238.

Bortolotti G R, 1986. Influence of sibling competition on nestling sex-ratios of sexually dimorphic birds. American Naturalist, 127: 495-507.

Bortolotti G R, 1986. Evolution of Growth Rates in Eagles: Sibling Competition Vs. Energy Considerations. ECOLOGY, 67 (1) : 182-194.

Bowerman IV W W, Evans E D, Giesy J P, et al., 1994. Using feathers to assess risk of mercury and selenium to bald eagle reproduction in the Great Lakes region[J]. Archives of environmental contamination and toxicology, 27 (3) : 294-298.

Bowerman IV W W, Grubb T G, Bath A J, et al., 1993. Population composition and perching habitat of wintering bald eagles, *Haliaeetus leucocephalus*, in northcentral Michigan[J]. Canadian field-naturalist. Ottawa ON, 107 (3) : 273-278.

Boyer A G, Cartron J L, Brown J H, 2010. Interspecific pairwise relationships among body size, clutch size and latitude: deconstructing a macroecological triangle in birds. Journal of Biogeography, 37 (1) : 47-56.

Brown J L, 1964. The evolution of diversity in avian territorial systems[J]. The Wilson Bulletin, 160-169.

Brown J L, 1969. Territorial behavior and population regulation in birds: a review and re-evaluation[J]. The Wilson Bulletin, 293-329.

Brown W M, 1983. Evolution of animal mitochondrial DNA. Evolution of Gene and Protein, 62-88.

Burton A M, Olsen P, 1997. Niche partitioning by two sympatric goshawks in the Australian wet tropics: breeding-season diet[J]. Wildlife Research, 24 (1) : 45-52.

Byholm P, Nikula A, 2007. Nesting failure in Finnish Northern Goshawks *Accipiter gentilis*: incidence and cause. Ibis, 149: 597-604.

Cadahía L, Negro J J, Urios V, 2007. Low mitochondrial DNA diversity in the endangered Bonelli's eagle (*Hieraaetus fasciatus*) from SW Europe (Iberia) . Journal of Ornithology, 148: 99-104.

Cade T J, 1986. Reintroduction as a method of conservation[J]. Raptor research report, 5: 72-84.

Cade T J, 1982. The falcons of the world. Cornell University Press, Ithaca, NY U. S. A.

Cade T J, 2000. Progress in translocation of diurnal raptors[J]. Raptors at Risk. WWGBP and Hancock House, Surrey, 343-372.

Cerasoli M, Penteriani V, 1996. Nest-site and aerial point selection by Common Buzzards (*Buteo buteo*) in central Italy. Journal of Raptor Research, 30: 130-135.

Chandler S K, Fraser J D, Buehler D A, et al., 1992. Using a Geographic information System to analyse Bald Eagle *Haliaeetus leucocephalus* habitat on the Chesapeake Bay, Maryland[J]. Raptor conservation today. World Working Group on Birds of Prey, Berlin, Germany, 337-346.

Charnov E L, 1982. The theory of sex allocation. Monogr Popul Biol, 18: 1-355.

Chen D, Wang Y, Yu L H, et al., 2013. Dechlorane Plus flame retardant in terrestrial raptors from northern China. Environmental Pollution, 176: 80-86.

Choi C Y, Nam H Y, Lee W S, 2012. Territory Size of Breeding Chinese Sparrowhawks (*Accipiter soloensis*) in Korea[J]. Kor. J. Env. Eco., 26 (2) : 186-191.

Choi C Y, Nam H Y, Lee W S, et al., 2008. Prevalence of Anthracophora Rusticola (Coleoptera: Cetoniidae) in Nests of the Chinese Goshawk (*Accipiter Soloensis*) [J]. J. Raptor Res., 42 (4) : 302-303.

Choi C Y, Nam H Y, Park J G, et al., 2013. Morphometrics and Sexual Dimorphism of Chinese Goshawks (*Accipiter soloensis*) [J]. J. Raptor Res., 47 (4) : 385-391.

Cichon M, Dubiec A, Stoczko M, 2003. Laying order and offspring sex in blue tits Parus caeruleus.

Journal of Avian Biology, 34: 355-359.

Claire D, Rita C, Alain C, et al., 2004. Unexpected sex ratio adjustment in a colonial cooperative bird: pairs with helpers produce more of the helping sex whereas pairs without helpers do not. Behav Ecol Sociobiol, 56: 149-154.

Clotfelter E D, O'Neal D M, Gaudioso J M, et al., 2004. Consequences of elevating plasma testosterone in females of a socially monogamous songbird: evidence of constraints on male evolution[J]? Hormones & Behavior, 46 (2) : 171-178.

Cody M L, 1981. Habitat Selection in Birds: The Roles of Vegetation Structure, Competitors, and Productivity[J]. Bio Science, 1 (2) : 107-113.

Condon A M, Kershner E L, Sullivan B L, Cooper D M, Garcelon D K, 2005. Spotlight surveys for grassland owls on San Clements Island, California. Willson Bulletin, 117: 177-184.

Cooper J M, Stevens V A, 1998. Conservation assessment and conservation strategy for the Northern Goshawk (*Accipiter gentilis*) in British Columbia[J]. Draft report for the Wildlife Branch, Ministry of Environment, Lands and Parks, Victoria, BC.

Cordero P J, Viñuela J, Aparicio J M, et al., 2001. Seasonal variation in sex ratio and sexual egg dimorphism favoring daughters in first clutches of the spotless starling. Journal of Evolutionary Biology, 14 (5) : 829-834.

Craig R, 2005 New Holland Field Guide to the Birds of Southeast Asia. New Holland Publishers (UK) Ltd.

Craighead J J, Craighead F C, Hawks, 1956. Owls and Wildlife. Stackpole, Harrisburg, Pennsylvania, USA.

Csermely D, 1993. Dura of the rehabilitation period and familiarity with the prey affect the predatory behavior of captive wild kestrels (Falco tinnunculus) [J]. Italian Journal of Ioology, 60 (2): 211-214.

Cui Q H, Su J P, Jiang Z G, 2008. Summer diet of two sympatric species of raptors Upland Buzzard (*Buteo hemilasius*) and Eurasian Eagle Owl (*Bubo bubo*) in alpine meadow: problem of coexistence[J]. Pol. J. Ecol, 56 (1) : 173-179.

Cummings J H, Duke G E, Jegers A A, 1976. Corrosion of bone by solutions simulating raptor gastric juice. Raptor Res., 10: 55-57.

Daniela C, Marta V, José M M, Vittorio B, 2012. Cooperatively breeding carrion crows adjust offspring sex ratio according to group composition. Behav Ecol Sociobiol, 66: 1225-1235.

Darwin C, 1871. The descent of man and selection in relation to sex. London: John Murray, 55.

David P, 1998. Heterozygosity-fitness correlations: new perspective on old problems. Heredity, 80: 531-537.

Decandido R, Kasorndorkbua C, Nualsri C, et al., 2007. Raptor migration in Thailand. Hawk Mountain News, 107: 19-22.

Decandido R, Nualsri C, Allen D, et al., 2004. Autumn 2003 raptor migration at Chumphon, Thailand: a globally significant raptor migration watch site. Forktail, 20: 49-54.

Delannoy C A, Cruz A, 1988. Breeding biology of the Puerto Rican Sharp-shinned Hawk (*Accipiter striatus venator*) . Auk, 105: 649-662.

Deng W H, 2004. Breeding biology of the Grey-faced Buzzard[J]. J. Raptor Res, 38 (3) : 263-269.

Deng W H, Gao W, Zheng G M, 2003. Nest and roost habitat characteristics of the Grey-faced Buzzard in northeastern China[J]. Journal of Raptor Research, 37 (3) : 228-235.

Donázar J A, Hiraldo F, Bustamante J, 1993. Factors influencing nest site selection, breeding density and breeding success in the bearded vulture (*Gypaetus barbatus*) [J]. Journal of Applied Ecology: 504-514.

Dreiss A, Richard M, Moyen F, et al., 2006. Sex ratio and male sexual characters in a population of blue tits, Parus caeruleus. Behavioral Ecology, 17 (1) : 13.

Duffy D L, Bentley G E, Drawn D L, et al., 2000. Effects of testosterone on cell-mediated and humoral immunity in non-breeding adult European starlings[J]. Behavioral Ecology, 11 (6) : 654-662.

Duke, G. E., Jegers, A. A., Loff, G., and Evanson, O. A., 1975. Gastric digestion in some raptors. Comp. Biochem. Physiol., 50 (4) : 649-656.

Dunn P O, Thusius K J, Kimber K, et al., 2000. Geographic and ecological variation in clutch size of Tree Swallows. Auk, 117: 215-221.

Dunstan T C, 1980. Feeding Behavior and Habitat Use by Bald Eagles: *Haliaeetus Leucocephalus*, at Lock and Dam 19, Mississippi River[M]. Western Illinois University.

Earhart C M, Johnson N K, 1970. Size dimorphism and food habits of North American owls[J].

Condor, 72: 251-264.

Elise V P, 2004. Variation in mitochondrial and of four species of migratory raptors. Journal of Raptor Research, 38 (3) : 250-255.

Ellegren H, Gustafsson L, Sheldon B C, 1996. Sex ratio adjustment in relation to paternal attractiveness in a wild bird population. Proc Natl Acad Sci, 93 (21) : 11723-11728.

Elliott J E, Wilson L K, Langelier K W, et al., 1996. Bald eagle mortality and chlorinated hydrocarbon contaminants in livers from British Columbia, Canada, 1989–1994[J]. Environmental Pollution, 94 (1) : 9-18.

Errington P L, 1930. The pellet analysis method of raptor food habits study. Condor, 32: 292-296.

Errington P L, 1932. Technique of raptor food habits study. Condor, 34: 75-86.

Felsenstein J, 1985. Confidence limits on phylogenies: An approach using the bootstrap. Evolution, 39: 783-791.

Ferguson-Lees J, Christie D A, 2001. Raptors of the world [M]. Houghton Mifflin Company, Boston, U. S. A.

Fernández C, 1993. Effect of the viral haemorrhagic pneumonia of the wild rabbit on the diet and breeding success of the Golden Eagle *Aquila chrysaetos* (L.) [J]. Rev. ecol., 48: 323-329.

Ferrer M, Newton I, Pandolfi M, 2009. Small populations and offspring sex-ratio deviations in eagles. Conservation Biology, 23: 1017-1025.

Fischer D L, 1982. The seasonal abundance, habitat use and foraging behavior of wintering bald eagles, *Haliaeetus leucocephalus*, in west-central Illinois[D]. Western Illinois University.

Fisher R, 1930. The genetical theory of natural selection. London: Oxford University Press. [56].

Fisher A K, 1893. The hawks and owls of the United States in their relation toagriculture. U. S. Dep. Agric. Div. Omithol. Mammal. Bull. 3.

Fowler D W, Freedman E A, Scannella J B, 2009. Predatory functional morphology in raptors: interdigital variation in talon size is related to prey restraint and immobilisation technique[J]. PloS one, 4 (11) : e7999.

Frankham R B, Briscoe D A, 2002. Introduction to conservation genetics. London: Cambridge University Press.

Franson J C, Galbreath E J, Wiemeyer S N, et al., 1994. Erysipelothrix rhusiopathiae infection in a captive bald eagle (*Haliaeetus leucocephalus*) [J]. Journal of Zoo and Wildlife Medicine: 446-448.

Frey H, Bijleveld van Lexmond M, 1993. The reintroduction of the Bearded Vulture, *Gypaetus barbatus* (Hablizl 1788) into the Alps[J]. Bearded Vulture nn. Rep, 3-8.

Fridolfsson A K, Ellegren H, 1999. A simple and universal method for molecular sexing of non-ratite birds. Journal of Avian Biology, 30: 116-121.

Fuller M R, Mosher J A, 1987. Raptor survey techniques[M]. US Fish and Wildlife Service.

Gamauf A, Tebb G, Nemeth E, 2013. Honey Buzzard *Pernis apivorus* nest-site selection in relation to habitat and the distribution of Goshawks *Accipiter gentilis*[J]. Ibis, 155 (2) : 258-270.

Gares R, 1998. *Drosophila melanogaster* mitochondrial DNA gene organization and evolutionary consideration. Genetic, 118 (4) : 649-663.

Gause G F, 1970. Criticism of invalidation of principle of competitive exclusion[J]. Nature, 227: 89.

Gause G F, 2003. The struggle for existence[M]. Courier Corporation.

Gause G F, 1934. The struggle for existence : a classic of mathematical biology and ecology. Baltimore: Williams & Wilkins Conpany.

Germi F, Salim A, Minganti A, 2013. First records of Chinese Sparrowhawk *Accipiter soloensis* wintering in Papua (Indonesian New Guinea) . Forktail, 29: 43-47.

Germi F, Young G S, Salim A, et al., 2009. Over-ocean raptor migration in a monsoon regime: spring and autumn 2007 on Sangihe, North Sulawesi, Indonesia. Forktail, 25: 105-117.

Gerstell A T, 1988. Coexistence of two sympatric raptors during a prey decline[D]. University of New Mexico.

Gerstell A T, Bednarz J C, 1999. Competition and patterns of resource use by two sympatric raptors[J]. Condor, 101: 557-565.

Giovanni M D, 2005. Prey partitioning between sympatric grassland raptors[D]. Texas Tech University.

Glading B, Tillotson D F, Selleck D M, 1943. Raptor pellets as indicators of food habits. Calif. Fish Game, 29: 92-121.

Gonzales R B, 1968. A study of the breeding biology and ecology of the Monkey-eating Eagle[J]. Silliman J, 15: 461-500.

Gosse J W, Montevecchi W A, 2001. Relative abundances of forest birds of prey in western

Newfoundland. Canadian Field Naturalist, 115: 57-63.

Grant A, Bailey J F, 1998. Patterns of genetic diversity in extant and extinct cattle populations: Evidence from sequence analysis of mitochondrial coding regions. Ancient Biomolecules, 2: 235-249.

Grier J W, 1980. Modeling approaches to bald eagle population dynamics. Wildlife Society Bulletin, 8 (4) : 316-322.

Groothuis T G G, Eising C M, Dijkstra C, et al., 2005. Balancing between costs and benefits of Maternal hormone deposition in avian eggs[J]. Biology Letters, 1 (1) : 78-81.

Hallgrimsson G T, Palsson S, Summers R W, et al., 2011. Sex ratio and sexual size dimorphism in Purple Sandpiper Calidris maritima chicks. Bird Study, 58 (1) : 44-49.

Hardy I C W, 2002. Sex ratios: concepts and research methods. United Kingdom: Cambridge University Press.

Hart L E, Cheng K M, Norstrom R J, et al., 1996. Biological effects of polychlorinated dibenzo-p-dioxins, dibenzofurans, and biphenyls in bald eagle (*Haliaeetus leucocephalus*) chicks[J]. Environmental Toxicology and Chemistry, 15 (5) : 782-793.

Heg D, Dingemanse N J, Lessells C M, et al., 2000. Parental correlates of offspring sex ratio in Eurasian oystercatchers. The Auk, 117 (4) : 980-986.

Henry M H, Burke W H, 1999. The effects of in ovo administration of testosterone or an antiandrogen on growth of chick embryos and embryonic muscle characteristics[J]. Poultry science, 78 (7) : 1006-1013.

Hernandez L M, Rico M C, Gonzalez M J, et al., 1986. Presence and time trends of organochlorine pollutants and heavy metals in eggs of predatory birds of Spain[J]. Journal of Field Ornithology: 270-282.

Hiraldo F, Heredia B, Alonso J C, 1993. Communal roosting of wintering red kites *Milvus milvus* (Aves, Accipitridae) : social feeding strategies for the exploitation of food resources[J]. Ethology, 93 (2) : 117-124.

Hiraldo F, NEGRO J J, Donázar J A, et al., 1996. A demographic model for a population of the endangered lesser kestrel in southern Spain. Journal of applied ecology, 33: 1085-1093.

Howe H F, 1977. Sex-Ratio adjustment in the Common grackle. Science, 198: 744-746.

Hubbell S P, 2001. The unified neutral theory of biodiversity and biogeography[M]. Princeton

University Press.

Hunt A R, Watson J L, Winiarski, et al., 2023. AMERICAN KESTREL MIGRATION: INSIGHTS AND CHALLENGES FROM TRACKING INDIVIDUALS ACROSS THE ANNUAL CYCLE[J]. The Journal of Raptor Research, 57(2):164-175.

Ji X, Ma W, Wang P C, 1998. Study on home range of the Lizard *Takydromus septentrionalis* during reproduction period. Journal of Hangzhou Normal College, 1989 (2) : 60-63.

Johnstone I, 1998. Territory structure of the Robin Erithacus rubecula outside the breeding season[J]. Ibis, 140 (2) : 244-251.

Jollie M T, 1943. The golden eagle: its life history, behavior and ecology[D]. University of Colorado.

Kalmbach E, Nager R G, Griffiths R, et al., 2001. Increased reproductive effort results in male-biased offspring sex ratio: an experimental study in a species with reversed sexual size dimorphism. Proc. R. Soc. Lond., 268: 2175-2179.

Kenward R E, 1987. Wildlife Radio Tagging: Equipment, Field Techniques and Data Analysis. London: Academic Press.

Kenward R E, P Widen, 1989. Do goshawks need forests? Some conservation lessons from radio tracking. Pp. 561-567 in B. -U. Meyburg and R. D. Chancellor (eds.) , Raptors in the modern world. World working group on birds of prey and owls, London, United Kingdom.

Ketterson E D, Nolan Jr V, Wolf L, et al., 1992. Testosterone and avian life histories: effects of experimentally elevated testosterone on behavior and correlates of fitness in the dark-eyed junco (Junco hyemalis) [J]. American Naturalist: 980-999.

Kilner R., 1998. Primary and secondary sex ratio manipulation by zebra finches. Animal Behavior, 56 (1) : 155-164.

Kimura M, 1979. The neutral theory of molecular evolution[J]. Scientific American, 241 (5) : 98-100.

Koenig W D, Dickinson J L, 2004. Ecology and evolution of cooperative breeding in birds. Cambridge: Cambridge University Press.

Komdeur J, Daan S, Tinbergen J, et al., 1997. Extreme adaptive modification in sex ratio of the Seychelles warbler's eggs. Nature, 385: 522-525.

Korpimaki E, May C A, Parkin D T, et al., 2000. Environmental- and parental condition-related variation in sex ratio of kestrel broods. Journal of Avian Biology, 31 (2) : 128-134.

Kozie K D, Anderson P K, 1991. Productivity, diet, and environmental contaminants in bald eagles nesting near the Wisconsin shoreline of Lake Superior[J]. Archives of Environmental Contamination and Toxicology, 20 (1) : 41-48.

Krüger O, 2005. The evolution of reversed sexual size dimorphism in hawks, falcons and owls: a comparative study. Evolutionary Ecology, 19: 467-486.

Krüger O, 2002. Analysis of nest occupancy and nest reproduction in two sympatric raptors: common buzzard *Buteo buteo* and goshawk *Accipiter gentilis*[J]. Ecography, 25 (5) : 523-532.

Krüger O, 2005. Age at first breeding and fitness in goshawk *Accipiter gentilis*[J]. Journal of Animal Ecology, 74 (2) : 266-273.

Krüger O, Lindström J, 2001. Habitat heterogeneity affects population growth in goshawk *Accipiter gentilis*[J]. Journal of animal Ecology, 70 (2) : 173-181.

Kumar S, Tamura K, Nei M, 2004. MEGA 3: Integrated software for molecular evolutionary genetics analysis and sequence alignment. Briefings in Bioinformatics, 29: 356-379.

Kunca T, Yosef R, 2016. Differential mestdefense to perceived danger in urban and rurd areas by female Eurasiain sparrowhawk (Accipiter nisus) [J]. Peerj, 4 (7) .

Kvist L, Martens J, Higuchi H, 2003. Evolution and genetic structure of the great tit (*Parus major*) complex. The Royal Society, 270: 1447-1454.

Kwon K C, Won P O, 1975. Breeding Biology of the Chinese Sparrowhawk (*Accipiter soloensis*) [J]. J. Yamashina Inst. Ornithol., 7 (5) : 501-522.

L R, 1950. Notes on the birds of Korea. Auk, 67: 438-440.

La Touche J D D, 1931. A Handbook of the birds of Eastern China. Vol. 2. London: Taylor and Francis.

LeClerc M G, 1990. Food niche relationships of sympatric raptors in western Utah[D]. Brigham Young University.

Lee W J, Kocher T D, 1995. Complete sequence of a sea lamprey (*Petromyzon marinus*) mitochondrial genome: early establishment of the vertebrate genome organization. Genetics, 139 (2): 837-887.

Leitao D, Tom R, Costa H, 2001. Field survey of wintering raptors in mainland Portugal. Airo, 11: 3-14.

Lewis S B, Titus K, Fuller M R, 2006. Northern Goshawk diet during the nesting season in southeast Alaska[J]. Journal of Wildlife Management, 70 (4) : 1151-1160.

Ležalová R, Tkadlec E, Oborník M, et al., 2005. Should males come first? The relationship between offspring hatching order and sex in the black-headed gull Larus ridibundus. Journal of Avian Biology, 36 (6) : 478-483.

Li H F, Wen Q Z, Wei T S, Jing T S, Wei H, Kuan W C, 2010. Origin and genetic diversity of Chinese domestic ducks. Molecular Phylogenetic and Evolution, 57: 634-640.

Lin Z H, Fan X L, Lei H Z, et al., 2011. The effects of substrates on locomotor performance of two sympatric lizards, *Takydromus septentrionalis* and *Plestiondon chinensis*. Acta Ecologica Sinica, 31 (18) : 5316-5322.

Linda A W, Hubert S, 2002. Maternal testosterone in tree swallow eggs varies with female aggression. Animal Behaviour, 63 (1) : 63-67.

Liversidge R, 1962. The breeding biology of the little spaowhawk *Accipiter minullus*[J]. Ibis, 104 (3) : 399-406.

Lobos R P, Santander F J, Orellana S A, et al., 2011. Diet of the Crowned Eagle (*Harpyhaliaetus coronatus*) during the breeding season in the Monte desert, Mendoza, Argentina[J]. The Journal of Raptor Research, 45 (2) : 180-183.

Lorsunyaluck B, Tandavanitj P, Kasorndorkbua C, 2008. Autumn migration of Chinese sparrowhawk (*Accipiter soloensis*) and Japanese sparrowhawk (*Accipiter gularis*) at Radar hill, Prachuap Khirikhan, Thailand[J]. Warasan Satpa Muang Thai, 15.

Lovell P G, Ruxton G D, Langridge K V, et al., 2013. Egg-laying substrateselection for optimal camouflage by quail[J]. Current Biology. 23 (3) : 260-264. Lyon B., 2007. Mechanism of egg recognition in defenses against conspecific brood parasitism: American coots (*Fulica americana*) know their own eggs[J]. Behavioral Ecology & Sociobiology, 61 (3) : 455-463.

Ma Q, Severinghaus L L, Deng W H, et al., 2016. Breeding Biology of a Little-Known Raptor in Central China: The Chinese Sparrowhawk (Accipiter soloensis) [J]. Journal of Raptor Research, 50 (2) : 176-184. DOI: 10. 3356/rapt -50- 02- 176-184. 1.

Maddox J D, Bowden R M, Weatherhead P J, 2008. Yolk testosterone and estradiol variation relative to clutch size, laying order and hatching asynchrony in Common rackles[J]. Journal of

Ornithology, 149 (4) : 643-649.

Magrath M J L, Brouwer L, Komdeur J, 2003. Egg size and laying order in relation to offspring sex in the extreme sexually size dimorphic brown songlark, *Cinclorhamphus cruralis*. Behavioral Ecology and Sociobiology, 54 (3) : 240-248.

Malan G, Robinson E R, 2001. Nest-site selection by Black Sparrowhawks (*Accipiter melanoleucus*) : implications for managing exotic pulpwood and sawlog forests in South Africa. Environmental Management, 28 (2) : 195-205.

Malan G, Shultz S, 2002. Nest-site sclection of the Crowned Hawk-Eagle in the forests of Kwazulu-natal, South Africa, and Ta ï Ivory coast. Journal of Raptor Research, 36: 300-308.

Mar C, Anni A, Astrid V T, 2008. Top predators: hot or not? A call for systematic assessment of biodiversity surrogates. Journal of Applied Ecology, 45: 976-980.

Margalida A, Bertran J, Heredia R, 2009. Diet and food preferences of the endangered Bearded Vulture *Gypaetus barbatus*: a basis for their conservation[J]. Ibis, 151 (2) : 235-243.

Margalida A, Ecolan S, Boudet J, et al., 2006. A solar-powered transmitting video camera for monitoring cliff-nesting raptors. Journal of Field Ornithology, (1) : 7-12.

Margalida A, Garcia D, Bertran J, et al., 2003. Breeding biology and success of the bearded vulture (*Gypaetus barbatus*) in eastern Pyrenees. Ibis, 145: 244-252.

Margalida A, González L M, Sanchez R, et al., 2007. A long-term large-scale study of the breeding biology of the Spanish imperial eagle (*Aquila adalberti*) . Journal of Ornithology, 148 (3): 309-322.

Margalida A, Sánchez-Zapata J A, Eguía S, et al., 2009. Assessing the diet of breeding bearded vultures (*Gypaetus barbatus*) in mid-20th century in Spain: a comparison to recent data and implications for conservation[J]. European Journal of Wildlife Research, 55 (4) : 443-447.

Markham A C, Watts B D, 2008. The Influence of Salinity on the Diet of Nesting Bald Eagles. Journal of Raptor Research, 42 (2) : 99-109.

Martínez J E, Calvo J F, 2001. Diet and breeding success of eagle owl in southeastern Spain: effect of rabbit haemorrhagic disease[J]. Journal of Raptor Research, 35 (3) : 259-262.

Martínez-Cruz B, Godoy J A, Negro J J, 2004. Population genetics after fragmentation: the case of the endangered Spanish imperial eagle (*Aquila adalberti*) . Molecular Ecology, 13: 2243-2255.

Martins S, Freitas R, Palma L, et al., 2011. Diet of Breeding Ospreys in the Cape Verde Archipelago, Northwestern Africa[J]. Journal of Raptor Research, 45 (3) : 244-251.

Massemin S, Korpimäki E, Wiehn J, 2000. Reversed sexual size dimorphism in raptors: evaluation of the hypotheses in kestrels breeding in a temporally changing environment. Oecologia. 124: 26-32.

Mathias K, Heeb P, Werner I, et al., 1999. Offspring sex ratio is related to male body size in the great tit (Parus major) . Behavioral Ecology, 10 (1) : 68-72.

Matthiopoulos J, Moss R, Mougeot F, et al., 2003. Territorial behaviour and population dynamics in red grouse *Lagopus lagopus scoticus*. II. Population models[J]. Journal of animal ecology, 72 (6): 1083-1096.

Millon A, Bourrioux J L, Riols C, et al., 2002. Comparative breeding biology of Hen and Montagu's Harrier: an 8-year study in north-eastern France. Ibis, 144: 94-105.

Millsap B A, LeFranc M N, 1988. Road transects for raptors: how reliable are they? Journal of raptor Research, 22: 8-16.

Mirski P, 2009. Selection of nesting and foraging habitat by the Lesser Spotted Eagle *Aquila pomarina* (Brehm) in the Knyszynska Forest (NE Poland) . Polish Journal of Ecology, 57 (3) : 581-587.

Moller A P, Garamszegi L Z, Gil D, et al., 2005. Correlated evolution of male and female testosterone profiles in birds and its consequences[J]. Behavioral Ecology & Sociobiology, 58 (6) : 534-544.

Mollhagen, T. R., Wiley, R. W., Packard, R. L., 1972. Prey remains in Golden Eagle nests: Texas and New Mexico. J. Wild1. Manage., 36 (3) : 784-792.

Moore M C, 1984. Changes in territorial defense produced by changes in circulating levels of testosterone: a possible hormonal basis for mate-guarding behavior in white-crowned sparrows[J]. Behaviour, 88 (3) : 215-226.

Moore K R, Henny C J, 1983. Nest site characteristics of three coexisting accipiter hawks in northeast Oregon. Journal of Raptor Research, 17: 65-76.

Mosher J A, Fuller M R, 1996. Surveying woodland hawks with broadcasts of great horned owls vocalizations. Wildlife Society Bulletin, 24: 531-536.

Mosher J A, Fuller M R, Kopeny M H, 1990. Surveying woodland raptors by broadcast of conspecific vocalizations. Journal of Field Ornithology, 61: 453-461.

MOSS D, 1979. Growth of nestling Eurasian Sparrowhawks (*Accipiter nisus*). Journal of Zoology, 197: 297-314.

Mougeot F, Bretagnolle V, 2006. Breeding biology of the Red Kite (*Milvus milvus*) in Corsica. Ibis, 148: 436-448.

Mougeot F, Redpath S M, Moss R, et al., 2003. Territorial behaviour and population dynamics in red grouse *Lagopus lagopus scoticus*. I. Population experiments[J]. Journal of animal ecology, 72 (6) : 1073-1082.

Moum T, Arnason E, 2001. Genetic diversity and population history of two related seabird species based on mitochondrial DNA control region sequences. Molecular Ecology, 10 (10) : 2463-2478.

Mueller H C, 1986. The evolution of reversed sexual dimorphism in owls: an empirical analysis of possible selective factors. Wilson Bull, 98: 387-406.

Müller W, Eising CM, Dijkstra C, et al., 2002. Sex differences in yolk hormones depend on maternal social status in Leghorn chickens (Gallus gallus domesticus) [J]. Proceedings of the Royal Society of London B: Biological Sciences, 269 (1506) : 2249-2255.

Muller W, Groothuis T G G, Eising C M, et al., 2005. Within clutch co-variation of egg mass and sex in the black-headed gull. Journal of Evolutionary Biology, 18 (3) : 661-668.

Negro J J, Hiraldo F, 1993. Nest-site selection and breeding success in the Lesser Kestrel *Falco naumanni*[J]. Bird Study, 40 (2) : 115-119.

Nei M, 1987. Molecular evolutionary genetics. New York: Columbia University Press.

Newton I, 1986. The Sparrowhawk. Calton: T&AD Poyser.

Newton I, 1979. Population ecology of raptors[M]. T & A. D. Poyser Ltd., England.

Nichols J D, Hensler G L, Sykes P, 1980. Demography of the Everglade kite: implications for population management. Ecological Modelling, 9: 215-232.

Nystrom J, Ekenstedt J, Angerbjorn A, et al., 2006. Golden Eagles on the Swedish mountain tundra-diet and breeding success in relation to prey fluctuations[J]. Ornis Fennica, 83 (4) : 145.

Olsen P D, Cockburn A, 1993. Do large females laid small eggs? Sexual dimorphism and the allometry of egg and clutch volume. Oikos, 66: 447-453.

Olsen P D, Cockbum A, 1991. Female-biased sex allocation in peregrine falcons and other raptors. Behavioral Ecology and Sociobiology, 28: 417-423.

Padial J M, Romero-Pujante M, Hernández F J, et al., 2005. Habitat assessment for the reintroduction of the Bearded Vulture (*Gypaetus barbatus*) in Andalusia (South Spain) [J]. Conservation and Management of Vulture Populations: 14-16.

Park Y G, Yoon M, Won P, 1975. Breeding biology of the Chinese sparrowhawk (*Accipiter soloensis*). Miscellaneous Reports of the Yamashina Institute for Ornithology, 7 (5) : 523-532.

Paton P W C, Messina F J, Griffin C R, 1994. A phylogenetic approach to reversed size dimorphism in diurnal raptors. Oikos, 71: 492-498.

Payne R B, 1976. The clutch size and numbers of eggs of Brown-headed Cowbirds: effects of latitude and breeding season. Condor, 78 (3) : 337-342.

Penteriani V, 1999. Dawn and morning goshawk courtship vocalizations as a method for detecting nest sites[J]. The Journal of wildlife management, 63 (2) : 511-516.

Penteriani V, Rutz C, Kenward R, 2013. Hunting behaviour and breeding performance of northern goshawks *Accipiter gentilis*, in relation to resource availability, sex, age and morphology[J]. Naturwissenschaften, 100 (10) : 935-942.

Perrins C, 2009. The Princeton Encyclopedia of Birds[M]. Princeton: Princeton University Press.

Poirazidis K, Goutner V, Tsachalidis E, et al., 2007. Nesting habitat differentiation among four sympatric forest raptors in the Dadia National Park, Greece[J]. Anim. Biodivers. Conserv, 30: 131-142.

Primack B P, 1997. A primer of conservation biology. Boston: Sunderland.

Promessi R L, Matson J O, Flores M, 2004. Diets of nesting northern goshawks in the arner Mountains, California[J]. Western North American Naturalist, 64 (3) : 359-363.

Quinn J L, Cresswell W, 2004. Predator hunting behaviour and prey vulnerability. Journal of Animal Ecology, 73 (1) : 143-154.

Real J, Mañosa S, 1997. Demography and conservation of western European Bonelli's eagle (*Hieraaetus fasciatus*) populations. Biological Conservation, 79: 59-66.

Reale D, Dingemanse N J, 2010. Selection and evolutionary explanations for the maintenance of personality differences[M]// The Evolution of Personality and Individual Differences. Resources Inventory Committee, 2001. Inventory Methods for Raptors: Standards for Components of British Columbia's Biodiversity No. 11. Resources Inventory Committee, Province of British Columbia.

Roberson A M, Andersen D E, Kennedy P L, 2003. The northern goshawk (*Accipiter gentilis atricapillus*) in the western Great Lakes Region: a technical conservation assessment[M]. Minnesota Cooperative Fish and Wildlife Research Unit, University of Minnesota.

Robson C, 2005. Birds of Southeast Asia. Princeton University Press, Princeton, U. S. A.

Rogers A R, Harpending H, 1992. Population growth makes waves in the distribution of pairwise genetic differences. Molecular Biology and Evolution, 9: 552-569.

Roques S, Negro J J, 2005. MtDNA genetic diversity and population history of a dwindling raptorial bird, the red kite (*Milvus milvus*). Biological Conservation, 126: 41-50.

Rorsman E D, Meslow E C, Shrubb M J, 1977. Spotted owl abundance in young versus old growth forests, Oregon. Wildlife Society Bulletin, 5: 43-47.

Rose A P, Lyon B, 2013. Day length, reproductive effort, and the avian latitudinal clutch size gradient. Ecology, 94 (6) : 1327-1337.

Rost R, 1992. hormones and behavior-a comparison of studies on seasonal-changes in song production and testosterone plasma-levels in the willow-tit parus-montanus[J]. Ornis Fennica, 69 (1) : 1-6.

Rottenborn S C, 2000. Nest-site selection and reproductive success of urban Red-shouldered Hawks in central California[J]. Journal of Raptor Research, 34 (1) : 18-25.

Rozas J, Sanchez Delbarrio J C, 2003. Messeguer X. & Rozas R., DnaSP: DNA polymorphism analyses by the coalescent and other methods. Bioinformatics, 19: 2496-2497.

Rutkowska J, Cichoń M, Puerta M, et al., 2005. Negative effects of elevated testosterone on female fecundity in zebra finches[J]. Hormones and Behavior, 47 (5) : 585-591.

Rutkowska J, Cichon M, 2006. Maternal testosterone affects the primary sex ratio and offspring survival in zebra finches. Animal Behavior, 71: 1283-1288.

Rutz C, Bijlsma R G, 2006. Food-limitation in a generalist predator. Proceedings of the Royal Society B: Biological Sciences, 273 (1597) : 2069-2076.

Rutz C, 2006. Home range size, habitat use, activity patterns and hunting behaviour of urban-breeding Northern Goshawks *Accipiter gentilis*[J]. Ardea-Wageningen, 94 (2) : 185.

Saino N, MollerAP, 1995. Testosterone correlates of mate guarding, singing and aggressive behaviour in male barn swallows, Hirundo rustica[J]. Animal Behaviour, 49 (2) : 465-472.

Sano, K., 2003. Breeding biology of the Ryukyu Crested Serpent-Eagle in Ishigaki Island, Okinawa.

Strix, 21: 141-150.

Scheuhammer A M, Basu N, Burgess N M, et al., 2008. Relationships among mercury, selenium, and neurochemical parameters in common loons (*Gavia immer*) and bald eagles (*Haliaeetus leucocephalus*) [J]. Ecotoxicology, 17 (2) : 93-101.

Schipper W J A, 1973. A comparison of prey selection in sympatric harriers Circus in western Europe. Gerfaut. 63: 17-120.

Schneider S, Excoffier L, 1999. Estimation of past demographic parameters from the distribution of pairwise differences when the mutation rates vary among sites: application to human mitochondrial DNA. Genetics, 152: 1079-1089.

SCHNELL J H, 1958. Nesting behavior and food habitats of goshawks in the Sierra Nevada of California. Condor, 60: 377-403.

Schwabl H, 1996. Maternal testosterone in the avian egg enhances postnatal growth[J]. Comparative Biochemistry and Physiology Part A: Physiology, 114 (3) : 271-276.

Scriba M F, Goymann W, 2010. European robins (*Erithacus rubecula*) lack an increase in testosterone during simulated territorial intrusions[J]. Journal of Ornithology, 151 (3) : 607-614.

Sealy S G, 1967. Notes on the breeding biology of the Marsh Hawk in Alberta and Saskatchewan[J]. Blue Jay, 25 (2) : 63-69.

Selas V, 1997. Nest-site selection by four sympatric forest raptors in southern Norway[J]. Journal of Raptor Research, 31: 16-25.

Sergio F, Bogliani G, 2001. Nest Defense as Parental Care in the Northern Hobby (Falco subbuteo) [J]. Auk, 118 (4) : 1047-1052.

Sergio F, Pedrini P, Marchesi L, 2003. Adaptive selection of foraging and nesting habitat by Black Kites (*Milvus migrans*) and its implications for conservation: a multi-scale approach. Biol. Conserv., 112: 351-362.

Severinghaus L L, 2000. Territoriality and the significance of calling in the Lanyu Scops Owl *Otus elegans botelensis*. IBIS, 142: 297-304.

Severinghaus L L, Rothery P, 2001. The survival rate of Lanyu Scops Owls *Otus elegans botelensis*. IBIS, 143: 540-546.

Shultz S, 2002. Population density, breeding chronology and diet of Crowned Eagles *Stephanoaetus coronatus* in Taï National Park, Ivory Coast. Ibis, 144: 135-138.

Simmons R, Smith P C, 1985. Do Northern Harriers (*Circus cyaneus*) choose nest site adaptively? Can. J. Zool., 63: 494-498.

Skeel M A, 1983. Nesting success, density, philopatry, and nest-site selection of the Whimbrel (*Numenius phaeopus*) in different habitats[J]. Canadian Journal of Zoology, 61 (1) : 218-225.

Skierczyński M, 2006. Food niche overlap of three sympatric raptors breeding in agricultural landscape in Western Pomerania region of Poland[J]. Buteo, 15: 17-22.

Slatkin M, Hudson R R, 1991. Pairwise comparisons of mitochondrial DNA sequences in stable and exponentially growing populations. Genetics, 129: 555-562.

Smallwood P D, Smallwood J, 1998. Seasonal shifts in sex ratios of fledgling American kestrels (*Falco sparverius paulus*) : the early bird hypothesis. Evolutionary Ecology, 12 (7) : 839-853.

Snyder N F R, Wiley I W, 1976. Sexual size dimorphism in hawks and owls of North America. Ornithol. Monogr. 20.

Sonsthagen S A, Timothy J C, Brian C L, et al., 2012. Genetic diversity of a newly established population of golden eagles on the Channel Islands, California. Biological Conservation, 146 (1) : 116-122.

Speiser R, Bosakowski T, 1987. Nest Site Selection by Northern Goshawks in Northern New Jersey and Southeastern New York. Condor, 89: 387-394.

Squires J, Kennedy P L, 2006. Northern Goshawk ecology: an assessment of current knowledge and information needs for conservation and management. Stud. Avian Biol., 31: 8-62.

Storer R W, 1966. Sexual dimorphism and food habits in three North American accipiters. Auk, 83: 423-246.

Strange M, 2014. Photographic Guide to the Birds of Southeast Asia: Including the Philippines and Borneo. Tuttle Publishing, Tokyo, Japan.

Strasser R, Schwabl H, 2004. Yolk testosterone organizes behavior and male plumage coloration in house sparrows (*Passer domesticus*) [J]. Behavioral Ecology and Sociobiology, 56 (5) : 491-497.

Sulkava S, 1964. Zur Nahrungsbiologie des Habichts, *Accipiter g. gentilis* (L.) [D]. Oulun luonnonystäväin yhdistys.

Sulkava S, Kanahaukan, 1956. *Accipiter gentilis* (L.) , pesimisaikaisesta ravinnosta[J].

Sulkava S, Huhtala K, Tornberg R, 1994. Regulation of Goshawk (*Accipiter gentilis*) breeding in Western Finland over the last 30 years[J]. Raptor conservation today: 67-76.

Sulkava S, Linkola P, Lokki H, 2006. The diet of the goshawk (*Accipiter gentilis*) during nesting season in Häme (Southern Finland) [J]. Suomen Riista, 52: 85-96.

Sun Y H, Deng T W, Lan C Y, et al., 2010. Spring Migration of Chinese Goshawks (*Accipiter soloensis*) in Taiwan. J. Raptor Res., 44 (3) : 188-195.

Sunde P, 2005. Predators control post-fledging mortality in tawny owls, *Strix aluco*. Oikos -Oxford, 110 (3) : 461-472.

Swatridge C J, Monadjem A, Steyn D J, et al., 2014. Factors affecting diet, habitat selection and breeding success of the African Crowned Eagle *Stephanoaetus coronatus* in a fragmented landscape[J]. Ostrich, 85 (1) : 47-55.

Sylvain M, Nicolas D, Michel V, 2004. A test of neutrality and constant population size based on the mismatch distribution. Molecular Biology and Evolution, 21 (4) : 724-731.

Takaki Y, Kawahara T, Kitamura H, et al., 2009. Genetic diversity and genetic structure of Northern Goshawk (*Accipiter gentilis*) populations in eastern Japan and Central Asia[J]. Conservation genetics, 10 (2) : 269-279.

Tapia L, Dominguez J, Rodriguez L, 2008. Modeling habitat preferences by raptors in two areas of Northwestern Spain using different scales and survey techniques[J]. Vieet milieu, 58 (3/4) : 257-262.

Temeles E J, 1985. Sexual size dimorphism of bird-eating hawks: the effect of prey vulnerability. Am. Nat., 125: 485-499.

Terry R C, 2008. Modeling the Effects of Predation, Prey Cycling, and Time Averaging on Relative Abundance in Raptor-Generated Small Mammal Death Assemblages. PALAIOS, 23 (6) : 402-410.

Thiollay J M, 1994. Family Accipitridae (Hawks and Eagles) . In Del Hoyo, J., Elliott, A. and Sargatal, J. Handbook of the birds of the world, Vol. 2, New World Vultures to Guineafowl. Lynx Edicions, Barcelona, Pp. 52-205.

Thomas W Q, Allan C W, 1993. Sequence evolution in and around the mitochondrial control region in birds. Molecular Biology Evolution, 37: 417-425.

Thorstrom R, Quixchán A, 2000. Breeding biology and nest site characteristics of the Bicolored Hawk in Guatemala. Wilson Bulletin, 112: 195-202.

Thorstrom R, 2000. The food habits of sympatric forest-falcons during the breeding season in northeastern Guatemala[J]. Journal of Raptor Research, 34 (3) : 196-202.

Titus K, Mosher J A, 1981. Nest-Site Habitat Selected by Woodland Hawks in the Central Appalachians. Auk, 98 (2) : 270-281.

Tornberg R, Mönkkönen M, Pahkala M, 1999. Changes in diet and morphology of Finnish goshawks from 1960s to 1990s. Oecologia, 121: 369-376.

Tornberg R, Mönkkönen M, Kivelä S M, 2009. Short communication: landscape and season effects on the diet of the goshawk[J]. Ibis, 151 (2) : 396-400.

Tornberg R, Colpaert A, 2001. Survival, ranging, habitat choice and diet of the Northern Goshawk *Accipiter gentilis* during winter in Northern Finland[J]. Ibis, 143 (1) : 41-50.

Tornberg R, Haapala S, 2013. The diet of the Marsh Harrier *Circus aeruginosus* breeding on the isle of Hailuoto compared to other raptors in northern Finland[J]. Ornis Fennica, 90: 103-116.

Toyne E P, 1998. Breeding season diet of the Goshawk *Accipiter gentilis* in Wales[J]. Ibis, 140 (4) : 569-579.

Trivets R L, Willard D E, 1973. Natural selection of parental ability to vary the sex ratio of offspring. Science, 191: 249-260.

Trnka A, Prokop P, Kasova M, et al., 2012. Hatchling sex ratio and female mating status in the Great Reed Warbler, Acrocephalus arundinaceus further evidence for offspring sex ratio manipulation. Italian Journal of Zoology, 79: 212-217.

Utekhina I, Potapov E, McGrady M J, 2000. Diet of the Steller's Sea Eagle in the northern Sea of Okhotsk[C]//First Symposium on Steller's and White-tailed Sea Eagles in East Asia. Tokyo, Japan: Wild Bird Society of Japan: 71-92.

Veiga J P, ViñuelaJ, CorderoP J, et al., 2004. Experimentally increased testosterone affects social rank and primary sex ratio in the spotless starling[J]. Hormones and Behavior, 46 (1) : 47-53.

Velando A., Graves J. & Ortega-Ruano J. E., 2002. Sex ratio in relation to timing of breeding and laying sequence in a dimorphic seabird. Ibis, 144 (1) : 9-16.

Viñuela J, 1997. Road transects as a large-scale census method for raptors: the case of the Red kite *Milvus milvus* in Spain. Bird Study, 44: 155-165.

Wackernagel H, Walter W, 1980. Captive breeding and reintroduction of the Lammergeier or Bearded vulture (*Gypaetus barbatus*) : a zoo/nature conservation project[J]. International Zoo Yearbook, 20 (1) : 243-244.

Walter W, 1989. The reintroduction of the bearded vulture (*Gypaetus barbatus*) into the Alps[C]. Word conference on Birds of Prey and owls, Report of proceedings. Raplors in the modern world, WGBP, Berlin, London & Paris: 341-344.

Wang Y, Xu J L, Carpenter J P, et al., 2012. Information-theoretic model selection affects home-range estimation and habitat preference inference: a case study of male Reeves's Pheasants *Syrmaticus reevesii*. IBIS, 154 (2) : 273-284.

Watson A, Parr R, 1981. Hormone implants affecting territory size and aggressive and sexual behaviour in red grouse[J]. Ornis Scandinavica, 12 (1) : 55-61.

Watson J, 1991. The Golden Eagle and pastoralism across Europe[J]. Birds and Pastoral Agriculture in Europe: 56-57.

Watson J, 1992. Golden Eagle *Aquila chrysaetos* breeding success and afforestation in Argyll[J]. Bird Study, 39 (3) : 203-206.

Watson J, 2010. The golden eagle [M]. A&C Black.

Watson J, Leitch A F, Broad R A, 1992. The diet of the sea eagle *Haliaeetus albicilla* and golden eagle *Aquila chrysaetos* in western Scotland[J]. Ibis, 134 (1) : 27-31.

Watts B D & Mojica E K., 2012. USE OF SATELLITE TRANSMITTERS TO DELINEATE BALD EAGLE COMMUNAL ROOSTS WITHIN THE UPPER CHESAPEAKE BAY[J]. The Journal of Raptor Research, 46(1):121-128.

Wegge P, 1980. Distorted sex ratio among small broods in a declining capercaillie population. Ornis Scandinavica: 106-109.

Wenink P W, Baker A J, Tilanus M G, 1994. Mitochondrial control-region sequences in two shorebird species, the turnstone and the dunlin, and their utility in population genetic studies. Molecular Biological Evolution, 11: 22-31.

Wenzel M A, Webster L M I, 2012. Blanco G. et al., Pronounced genetic structure and low genetic diversity in European red-billed chough (*Pyrrhocorax pyrrhocorax*) populations. Conservation Genetics, 13: 1213-1230.

Whitfield D P, Fielding A H, 2006. McLeod, D. R. A., Haworth, P. F. & Watson, J. A. Conservation framework for the golden eagle in Scotland: refining condition targets and assessment of constraint influences[J]. Biological Conservation, 130 (4) : 465-480.

Whittingham L A, Dunn P O, 2000. Offspring sex ratios in tree swallows: females in better condition produce more sons. Molecular Ecology, 9: 1123-1129.

Wiebe K L, Bortolotti G R, 2000. Parental interference in sibling aggression in birds: What should we look for? ECOSCIENCE, 7 (1) : 1-9.

Wiemeyer S N, 1990. Organochlorines and mercury residues in bald eagle eggs, 1968-1984: Trends and relationships to productivity and shell thickness[C] Proc Expert Consultation Meeting on Bald Eagles, Great Lakes Science Advisory Board's Ecological Committee, Rep to Intl Joint Comm, Windsor, Ontario.

Wiemeyer S N, Belisle A A, Gramlich F J, 1978. Organochlorine residues in potential food items of Maine bald eagles (*Haliaeetus leucocephalus*) , 1966 and 1974[J]. Bulletin of environmental contamination and toxicology, 19 (1) : 64-72.

Wiemeyer S N, Lamont T G, Bunck C M, 1984. Organochlorine pesticide polychlorobiphenyl and mercury residues in bald eagle (*Haliaeetus leucocephalus*) eggs 1969–1979 and their relationships to shell thinning and reproduction[J]. Arch Environ Contam Toxicol, 13: 529-550.

Wikelski M, Lynn S, Breuner J C, et al., 1999. Energy metabolism, testosterone and corticosterone in white-crowned sparrows[J]. Journal of Comparative Physiology A, 185 (5) : 463-470.

Wingfield J C, 1990. The "Challenge Hypothesis" : Theoretical Implications for Patterns of Testosterone Secretion, Mating Systems, and Breeding Strategies[J]. American Naturalist, 136 (6) : 829-846. Winker, K., 1995. Handbook of the Birds of the World, Volume 2[M]. Barcelona: Lynx Edicions.

Winker K, 1995. Handbook of the Birds of the World, Volume 2 [M]. Barcelona: Lynx Edicions.

Wolfe L R, 1950. Notes on the birds of korea. Avk, 67: 438-440.

Won P O, Woo H C, Chun M Z, et al., 1966. Chick food analysis of some Korean birds. Journal of the Yamashina Institute for Ornithology 4 (6) , 445-468.

Woolaver L G, Nichols R K, Morton E, et al., 2013. Nestling sex ratio in a critically endangered dimorphic raptor, Ridgway's Hawk (Buteo ridgwayi) . Journal of Raptor Research, 47 (2) : 117-126.

Wu H, Wang H, Jiang Y, et al., 2010. Offspring sex ratio in Eurasian Kestrel (*Falco tinnunculus*) with reversed sexual size dimorphism. Chinese Birds, 1 (1) : 36-44.

Xirouchakis S M, Fric J, Kassara C, et al., 2012. Variation in breeding parameters of Eleonora's falcon (*Falco eleonorae*) and factors affecting its reproductive performance[J]. Ecological research, 27 (2) : 407-416.

Zachel C R, 1985. Food habits, hunting activity, and post-fledging behavior of northern goshawks (*Accipiter gentilis*) in interior Alaska[D]. University of Alaska, Fairbanks.

Zarybnicka M, Riegert J, St'astny K, 2011. Diet composition in the Tengmalm's Owl *Aegolius funereus*: a comparison of camera surveillance and pellet analysis. ORNIS FENNICA, (3) : 147-153.

Zawadzka D, Zawadzki J, 1998. The Goshawk *Accipiter gentilis* in Wigry National Park (NE Poland) -numbers, breeding results, diet composition and prey selection[J]. Acta Ornitologica, 33: 181-190.

Zijlstra M, Daan S, Bruinenberg-Rinsma J, 1992.Seasonal variation in the sex ratio of marsh harrier *Circus aeruginosus* broods. Functional Ecology, 6 (5): 553-559.

后 记

2002年7月8日，湖北省巴东县东圹口村，又是一个炎热潮湿的下午。我住在老向家养伤已经一个星期了，什么都做不了，烦闷有加。忽然，东圹口中学的张老师来到院坝里，跟我说他堂兄家屋旁有棵青冈树，树上有一个大大的鸟巢，巢中有两个小鸟，像是小鸭子，满身绒毛，白白的，长着钩钩嘴。我瞬间兴奋起来，急匆匆地赶了过去，迫不及待地举起望远镜——映入眼帘的是两只毛茸茸的小家伙，但绝不是什么"小鸭子"，分明是两只小小的鹰雏。隐蔽起来等了一个多小时，雌鸟叼着一条丽纹龙蜥回到巢中，这是一只漂亮的赤腹鹰——惊鸿一瞥缔就20年不解情缘。

年复一年，我们和赤腹鹰一起栉风沐雨，共历烈日炎炎。静静地看着它们一点点搜集巢材，又把巢材一下下穿插编结起来。最后，一个坚固的鹰巢出现在树杈间。一枚枚鹰卵产到巢中，经历亲鸟30天的孵化，小小的鹰雏最终破壳而出。孱弱的雏鹰在父母的悉心抚育下，一天天长大、变壮、变强。最终，成长为一只只敏捷的猎手，在山林间急速飞行。当赤腹鹰亲鸟把猎物带回巢中，麻利地肢解，迅速喂给雏鸟时，我们在隐蔽棚里感慨："这就是猛禽！"；当鹰卵、鹰雏被天敌捕食，而亲鸟却无能为力时，我们内心感叹："这也是猛禽！"。

一次次，我们见证了赤腹鹰的勇猛无畏，也见证了它们的无奈和不堪。2011年7月2日7:01，一只赤腹鹰雌鸟站起身，回望了一眼巢中4只毛茸茸的小鹰雏，飞走了。几分钟后，一只松鸦飞到巢边，它把鹰雏一只只啄死，用时仅仅一分钟。然后，扬长而去。7:33，赤腹鹰雌鸟回到巢边，还带回来一只大大的蜻蜓。它望着巢中一动不动的雏鸟和它们身上斑驳的血迹，一下子懵掉了，眼前的一切让它难以置信。但仅仅呆立了一分钟，它便开始肢解、吞食自己的"孩子"。8:03，雌鹰把4只鹰雏都吃掉了。它站在巢边，不时地观察着巢，似乎在寻找什么。8:08，它轻轻地走到巢中，慢慢地蹲伏下来，那姿态似乎它的"孩子"依然在身下，需要它提供无微不至的呵护。又过了几分钟，它站到巢边左右顾盼。而后，又轻轻地走到巢中蹲伏。反反复复许多次。直到9:20，雄鸟送回来一只铜蜓蜥，雌鸟接过来，站在巢边肢解猎物，但再也没有小鹰雏过来接食了。9:23，雌鸟自己吃掉了那只蜥蜴，飞走了，从此便彻底消失了。短短142分钟，赤腹鹰巢中发生了天翻地覆的变化。我们无从知晓它离开时的"心情"，毕竟大自然有它自己的游戏规则，大自然不相信眼泪！

与赤腹鹰相伴二十载，我们共发现了300余个赤腹鹰繁殖巢，给其中276个巢安装了红外相机，累计拍摄数码照片590余万张。数量调查、搜索巢、行为观察、捕捉、采血样，年复一年，周而复始。我们对赤腹鹰的了解越来越多了，但似乎又有更多的问题呈现在面前，这也许就是研究工作的宿命——循序渐进，螺旋上升，无休无止。但千里筵宴，犹有竟时。也许到了总结一下的时候了，哪怕是阶段性的。将此书集结成册的目标也仅仅是将我们关于赤腹鹰的研究客观呈现出来，成者鉴之，谬者戒之。若对猛禽研究事业有些许裨益，则大慰吾心！

2024 年 5 月

图书在版编目（CIP）数据

赤腹鹰研究 / 马强，王龙祥，胡博著. -- 北京 ：
中国农业出版社，2024.6. -- ISBN 978-7-109-32172-4

Ⅰ. Q959.7

中国国家版本馆CIP数据核字第2024TN6026号

中国农业出版社出版

地址：北京市朝阳区麦子店街18号楼
邮编：100125
特约编辑：严　丽
责任编辑：李昕昱
版式设计：李向向　　责任校对：吴丽婷　　责任印制：王　宏
印刷：北京印刷集团有限责任公司
版次：2024年6月第1版
印次：2024年6月北京第1次印刷
发行：新华书店北京发行所
开本：700mm×1000mm　1/16
印张：10.25
字数：206千字
定价：118.00元